Excelで気軽に化学プロセス計算

伊東　章　著

丸善出版

本書の例題解法に用いたExcelファイルは，丸善出版株式会社のホームページ
http://goo.gl/TFQt2J
（アクセスできない場合）
http://pub.maruzen.co.jp/space/excel_process/index.html
より，下記のユーザー名とパスワードを入力のうえ無償でダウンロードすることができます．

　　ユーザー名：20140721
　　パスワード：CECalc　　　（半角英数）

　　ファイル名が〈*_temp.xls〉は実習用のテンプレートファイルです．

- Excelは米国マイクロソフト社の登録商標です．

- ダウンロードされたExcelファイル，プログラムの著作権は，本書の著作者に帰属します．

- 本ファイルの使用による読者の計算機やソフトウェアなどの損傷，事業上の損害など，ファイルの使用に関して読者に損害が発生したとしても，著作者および丸善出版株式会社はその責任を負いません．

はじめに

　前著"Excel で気軽に化学工学"（化学工学会 編，伊東　章・上江洲一也 著，丸善出版，2006）は，単位操作，反応工学など各種化工計算が Excel 表計算で手軽におこなえることを示したもので，幸いに好評を得た．本書は同様のコンセプトで，化学プロセス計算の基礎を Excel の例題解法で学習できるよう著したものである．

　専門科目としての「化学プロセス計算」は「化学工学量論」，「化学工学計算の基礎」などの名称で，工学部化学系課程必修の世界共通基礎科目である．その内容は化学プロセスの物質および熱収支計算，気体・液体の性質，化学熱力学の応用などで，理論的な物理化学から実用的な化学工学への橋渡しの役割もある．例えば標準的教科書は，Himmelblau・Riggs の "Basic Principles and Calculations in Chemical Engineering"（Seventh Ed., Prentice Hall, 2004）であり，本書の章立て・内容もこれに準拠している．この教科書の初版は 1962 年であり，版を重ねてはいるが，50 年後の今日までその内容はあまり変わっていない．

　現在，パソコンの性能向上により化学技術者の実務環境は大きく変わっている．特に化学プロセスシミュレータ（Aspen® など）の進歩が著しい．化学プロセスシミュレータは，手計算でおこなわれていた化工計算をコンピュータ上でおこなえるようにしたものである．初期にはリサイクルプロセスの物質収支計算も逐次代入法でなんとか計算できる程度の初歩的なものであった．現在は最新の物性データ，推算法，数値計算法を取り込み，パソコン画面上で化学プロセスを構成し，それを高度にシミュレートできるまでに進歩をとげている．特別な機能ではあるが，偏微分方程式の解法問題となる，固定層吸着の破過曲線の計算まで可能である．このような今日の化学プロセスシミュレータの高機

能化・高性能化は，これを道具とする化学技術者にとってはたいへん便利であり，実務の生産性向上に寄与している．

　その一方で，計算の手法・根拠がよくわからないまま計算結果のみを使うという，「ブラックボックス化」が懸念されている．中身をわからずに誰でも使えるということは，化学技術者にとってその専門性の危機でもある．化学プロセスシミュレータを真に使いこなすために，化学技術者自身の知識と計算力のスキルアップが求められており，化学工学の教育もその方向に高度化する必要がある．

　本書はこのような動機から，化学工学教育での計算力の向上を意図して，ほとんどの例題を Excel 表計算上でおこなうようにした．さらに，基礎事項をわかりやすく解説した上で，Excel の助けにより，状態方程式や平衡計算の実用に近い計算法まで紹介した．

　本書の内容は東京工業大学化学工学科 2 年生向け「化学工学量論」の 15 回講義のテキストである．実際の講義は計算機演習室でおこない，随時穴埋め形式の Excel シートで例題演習をおこなう方式で実施している．

　　2014 年麦秋

伊　東　　　章

目　次

1　ケミカルエンジニアの道具　……………………………………… *1*

1.1　単位と単位換算　…………………………………………………… *1*

1.1.1　数値，変数と単位　*1*
1.1.2　物理量，物性値の次元と単位　*2*
1.1.3　国際単位系(SI)　*3*
1.1.4　重力単位系と慣用単位―単位換算表―　*5*
1.1.5　単　位　換　算　法　*10*
1.1.6　実験式の単位換算　*11*

1.2　エンジニアの道具・データの取扱いとグラフ　………………… *12*

1.2.1　PDCA サイクルとケミカルエンジニアの道具　*12*
1.2.2　エンジニアの道具―物性値表―　*13*
1.2.3　化工計算の統合ツール―プロセスシミュレーター―　*13*
1.2.4　エンジニアのパーソナルツールとしての Excel　*14*
1.2.5　グ　ラ　フ　*16*
1.2.6　相関式，最小 2 乗法　*18*
1.2.7　Excel 上のプログラミング　*20*

1.3　Excel による方程式解法　………………………………………… *22*

1.3.1　化工計算―モデルと方程式―Excel 上の方程式解法の道具
　　　　22
1.3.2　連立 1 次方程式：ワークシート関数　*23*
1.3.3　非線形方程式（1 変数）：ゴールシーク　*24*
1.3.4　連立非線形方程式：ソルバー　*26*

    1.3.5 常微分方程式, 連立常微分方程式—VBA による常微分方程式
       解法シート— *28*
    1.3.6 偏微分方程式：シート上の差分解法 *31*
  演 習 問 題 *33*

2 プロセスの物質収支 …………………………………… *35*

 2.1 プロセス物質収支の基礎 ………………………………… *35*
    2.1.1 プロセス物質収支解析の方法 *35*
    2.1.2 混 合 物 の 組 成 *36*
    2.1.3 混合・分離の物質収支 *38*
    2.1.4 相平衡を含む装置の物質収支 *40*
    2.1.5 複数装置プロセスの物質収支 *42*
 2.2 反応・燃焼プロセスの物質収支 ………………………… *46*
    2.2.1 化学反応を伴うプロセスの取扱いに関する用語 *46*
    2.2.2 視察による化学反応を伴う物質収支問題の解法 *47*
 2.3 リサイクルとパージのあるプロセスの物質収支 ……… *50*
    2.3.1 化学プロセスにおけるリサイクルとパージ *50*
    2.3.2 分離プロセスのリサイクル操作 *51*
    2.3.3 反応プロセスのリサイクル操作 *53*
    2.3.4 反応プロセスのリサイクル・パージ操作 *54*
  演 習 問 題 *57*

3 気体・液体の性質 ………………………………………… *61*

 3.1 理想気体・実在気体と状態方程式 ……………………… *61*
    3.1.1 理想気体の法則 *61*
    3.1.2 実在気体の p-$\widehat{V}$-T 関係 *62*
    3.1.3 状 態 方 程 式 *63*
    3.1.4 対応状態の原理, 圧縮因子 z による一般化 *69*

3.2 水蒸気と湿り空気 …………………………………………… 74
3.2.1 気液共存状態と飽和蒸気圧　74
3.2.2 空気中の水蒸気—部分飽和と湿度，露点，湿度図表—　77
3.2.3 水の凝縮を伴う湿り空気の物質収支　80
3.2.4 蒸気圧に対する外圧の影響—浸透圧の原理—　82
3.3 平衡と分離操作 ………………………………………………… 85
3.3.1 気 液 平 衡　85
3.3.2 気体・蒸気/液体間平衡—吸収平衡，ヘンリー定数—　91
3.3.3 2液相間の溶質の分配—液液平衡—　92
3.3.4 分離プロセスと相平衡　96
演 習 問 題　98

4 エネルギー収支 ……………………………………………………… 99
4.1 熱力学第一法則とエンタルピー変化 ……………………………… 99
4.1.1 熱力学第一法則　99
4.1.2 気体の熱容量とエンタルピー変化　103
4.1.3 相変化を含むエンタルピー変化　107
4.2 熱 化 学 …………………………………………………………… 108
4.2.1 反 応 と 反 応 熱　108
4.2.2 熱化学計算におけるヘスの法則　110
4.2.3 物質の標準生成熱と標準燃焼熱　112
4.2.4 標準生成熱 $\Delta_f H°$ [kJ/mol] からの標準反応熱 $\Delta_r H°$ [kJ] の計算　115
4.2.5 反応温度での反応熱　117
4.3 相平衡の熱力学 ……………………………………………………… 120
4.4 化学反応の平衡定数と平衡組成 …………………………………… 121
演 習 問 題　132

5 熱と物質の同時収支 ……………………………………… *135*

- 5.1 断熱反応温度と理論燃焼温度 ……………………………… *135*
- 5.2 水-空気系の熱と物質の同時収支—湿球温度— …………… *140*
  - 5.2.1 湿球温度と湿度図表　*140*
  - 5.2.2 空気の断熱加湿と断熱冷却線　*144*
  - 5.2.3 Excel シート上の湿度図表と水-空気系プロセス計算　*145*
- 演 習 問 題　*148*

6 非定常物質収支・熱収支 ……………………………… *149*

- 6.1 回分反応の速度式 ………………………………………… *149*
- 6.2 プロセスの非定常収支 …………………………………… *152*
  - 6.2.1 流通系の非定常収支式と1次遅れ系　*152*
  - 6.2.2 流通系の非定常収支式—2次遅れ系—　*159*
  - 6.2.3 微分方程式によるプロセス制御の基礎　*161*
- 演 習 問 題　*168*

参 考 資 料 ………………………………………………… *171*
演習問題解答 ………………………………………………… *173*
索 引 ………………………………………………………… *177*

1 ケミカルエンジニアの道具

1.1 単位と単位換算
1.1.1 数値,変数と単位

工学で扱う量は数学とは異なり,必ず実態・実物についての物理量である.物理量は大きさと次元をもつので,大きさを示す数値とその物理量の次元・尺度を示す単位の一対で表示される.言い換えれば,工学では数値は単位がつくことで初めて意味をもつ.その際,一対あるいは「×」の含意で数値と単位間にスペースが入る(ただし[%]と[℃]は記号なのでスペースは入れない).

電卓やパソコンで計算すると,数値の桁数が多く表示されるので,これに引きずられて数値の桁数を多く書きがちである.しかし物理量は必ず測定精度の限界があるので,必要以上の桁は実用上の意味がない.普通は数値の桁数(有効数字)は3,4桁あれば十分である.ここでは計算過程は4桁でおこない,答は3桁で表示することを推奨する.

一般に各種物理量間の関係は変数記号(L, l)で記述された式で表記される(図1.2).この変数記号による数式(a)と物理量間の関係式(b)では係数が逆数

$$L[\text{m}] = \frac{1}{100} l[\text{cm}] \quad (\text{a})$$

$$\Updownarrow$$

$$1\,\text{m} = 100\,\text{cm} \quad (\text{b})$$

図 1.1 数値と単位   図 1.2 変数と物理量

の関係にある．一見不思議なこのことの理由は，ふたつの等式の意味が異なることに由来する．変数による式(a)は変数の「数値」だけの間の数学的な等号を表している．一方，物理量間の等式(b)はある物理量(例えば管の長さ)が左右の表記で同じ量であることを意味している．この関係は実験式の単位換算において重要となる．

　本書では物理量の数値には[　]なしで単位をつけ(例：300 m/s)，変数の記号は[　]の中で単位を示す(例：u[m/s])．上述のように，記号で示された変数は物理量ではなく，[　]で指定された単位で計測したときの数値を表している．なお，この原則からは「ρ[kg/m³]＝1000」の表記が正しいが，便宜的に「ρ＝1000 kg/m³」の表記も使う．

1.1.2　物理量，物性値の次元と単位

　各種物理量の測定の基本概念を次元(dimension)といい，次元を表す手段が単位(unit)である．物理量はその定義に基づいて次元が一義的に決まるが，その数値および単位は単位系により異なってくる．例えば，長さの次元はLであり，それを表現する単位は[m]，[ft]など複数ある．各種物理量の次元は質量はM，時間はT，熱量はH，温度はΘなどの基本次元の記号の組み合わせで表示される．なお，微分記号(d)は，単位，次元に関係しない $\left(\dfrac{dl}{dt}\left[\dfrac{m}{s}\right],\ \dfrac{d^2l}{dt^2}\left[\dfrac{m}{s^2}\right]\right)$．これは微分記号の意味が差分(Δ)であることから当然である．

【例題1.1】　次元と単位の組み合わせ

次の計算は可能か：① 5 kg＋3 m，② 10 lb＋3 kg

（解）①は各項の次元(MとL)が異なるので計算できない．②は次元Mは同じだが単位が異なるので計算できない．単位換算により計算可能である．

　物性値などの物理量はその由来する定義により次元と単位が決まる．定義式の左右の次元，単位は同じであることを利用してその単位が決まる．その例として，表1.1に移動論で用いられる3つの輸送物性(粘度(粘性係数)，熱伝導度，拡散係数)の由来する法則，次元と単位を示す．

表 1.1 輸送物性と次元・単位

輸送物性	次元	単位	由来する法則
粘度 (粘性係数) μ	$ML^{-1}T^{-1}$	$\dfrac{kg}{m \cdot s}$	ニュートンの法則 $\tau = -\mu \dfrac{du}{dx}$ $\tau[N/m^2](=Pa=kg/(m \cdot s^2))$：せん断応力, $u[m/s]$：速度, $x[m]$：距離
熱伝導度 λ	$HL^{-1}T^{-1}\Theta^{-1}$	$\dfrac{J}{m \cdot s \cdot K}$	フーリエの法則 $\dfrac{q}{A} = -\lambda \dfrac{dT}{dx}$ $q[J/s]$：熱移動速度, $A[m^2]$：面積, $T[K]$：温度
拡散係数 D_{AB}	L^2T^{-1}	$\dfrac{m^2}{s}$	フィックの法則 $J = -D_{AB} \dfrac{dc_A}{dx}$ $J[mol/(m^2 \cdot s)]$：分子の移動速度, $c_A[mol/m^3]$：濃度

1.1.3 国際単位系(SI)

単位は技術者間のコミュニケーションにも必要なものである．言語と似て，技術者間で単位についての共通理解がないと誤解の元となる(図1.1)．したがって世界中の技術者が同じ単位を知っており，同じ使い方をすることが理想である．これを目標としているのが国際単位系(SI, Le Système International d'Unités)である．表1.2にSIの基本単位，表1.3に誘導単位を示す．また，いくつかの慣用単位は使ってもよい単位として認められている(表1.4)．

【例題1.2】 力と圧力

筒の断面積 $A = 2\,cm^2 = 0.0002\,m^2$ の密閉した注射器を，大気圧下($P = 1.01 \times 10^5\,Pa = 1.01 \times 10^5\,N/m^2$)で引く力 F を求めよ．

（解）（圧力）×（面積）が力であるから，
$F = PA = 1.01 \times 10^5\,N/m^2 \times 0.0002\,m^2 = 20.2\,N$．一方，地上で $2.1\,kg$ の物体を支える力は，$F = mg = 2.1\,kg \times 9.8\,m/s^2 = 20.6\,N$ である．

【例題1.3】 重力と圧力

空気圧 2.0 気圧($= 202.6\,kPa$)の4本のタイヤで質量 $1000\,kg$ の自動車を支えているとき，タイヤの接地面積を求めよ．

（解）タイヤ1本あたり, (荷重重量(重力))＝(接地面積)×(タイヤ内圧力)より, (接地面積)＝((1000÷4) kg×9.8 m/s²)/(202.6 kPa)＝0.0121 m²＝121 cm².

SIでは単一の単位で広いオーダー(桁)の量を扱わなくてはならない. また, 例えば, 圧力単位パスカル[Pa]では大気圧が101 300 Paであり, 日常使いに

表 1.2 SI基本単位

物理量(次元)	単位の名称	SIでの記号
長さ(L)	メートル meter	m
質量(M)	キログラム kilogram	kg
時間(T)	秒 second	s
熱力学的温度(Θ)	ケルビン Kelvin	K
物質量(mol)	モル mole	mol

表 1.3 SI誘導単位

物理量(次元)	単位の名称	SIでの記号	定 義
面積(L²)			m²
速度(LT⁻¹)			m/s
加速度(LT⁻²)			m/s²
力(MLT⁻²)	ニュートン Newton	N	kg·m/s²＝J/m
仕事(エネルギー)(ML²T⁻²)	ジュール Joule	J	N·m＝kg·m²/s²
仕事率(パワー)(ML²T⁻³)	ワット Watt	W	J/s＝kg·m²/s³
圧力(ML⁻¹T⁻²)	パスカル Pascal	Pa	N/m²＝kg/(m·s²)＝J/m³
熱容量(HM⁻¹Θ⁻¹)			J/(kg·K)

表 1.4 SIと併用を認められる単位

物理量	許容単位	単位の記号
時 間	分, 時間, 日	min, h, d
温 度	セ氏度	℃
体 積	リットル	L
質 量	トン, グラム	t, g
圧 力	バール	bar (1 bar＝10⁵ Pa)

表 1.5　SI接頭語

倍　数	名　　称	記　号	倍　数	名　　称	記　号
10^{18}	エクサ　exa	E	10^{-1}	デシ　deci	d
10^{15}	ペタ　penta	P	10^{-2}	センチ　centi	c
10^{12}	テラ　tera	T	10^{-3}	ミリ　milli	m
10^{9}	ギガ　giga	G	10^{-6}	マイクロ　micro	μ
10^{6}	メガ　mega	M	10^{-9}	ナノ　nano	n
10^{3}	キロ　kilo	k	10^{-12}	ピコ　pico	p
10^{2}	ヘクト　hecto	h	10^{-15}	フェムト　femto	f
10^{1}	デカ　deka	da	10^{-18}	アト　atto	a

くい数値になる．このためSIでは数値が使いやすい桁となるよう，接頭語(表1.5)を単位の頭につけて用いる(例：101 300 Pa＝101.3 kPa，1×10^{-6} m＝1 μm)．接頭語はあくまで数値(倍数)であり，単位ではない(しかし，日常では単位を接頭語の"センチ""キロ"と略称することも多い)．なお，基本単位[kg]の[k]だけは接頭語ではない．

1.1.4　重力単位系と慣用単位——単位換算表——

SIを用いることで世界中で技術上の相互理解がスムーズになる．しかし，現実には米国ではいまだに重力単位系のヤード・ポンド法が使われているし，日本でもこれまで重力単位系が長く使われていて，それによる論文・技術文書も膨大である．そのため技術者は実用上SI以外の単位・単位系も知っておく必要がある．

絶対単位系であるSIと重力単位系の違いを表1.6で示す．絶対単位系ではまず，絶対値である質量のキログラム[kg]を定義し，ニュートンの法則から力のニュートン[N]を導く．一方，重力単位系では重量(重さ)[Kg]を力の定

表 1.6　絶対単位系と重力単位系

	絶対単位系・国際単位系(SI)	重力単位系
力の定義	ニュートンの法則の定義($F=ma$)による．加速度 a が入るので直感的でない．	力 F と質量 m の数値が地上で同一になるようにした．直感的にわかりやすい．
質　量	kg	$kg \cdot s^2/m$
力	$kg \cdot m/s^2$＝N(ニュートン)	Kg，kgf，kgw(キログラム重)(重量)

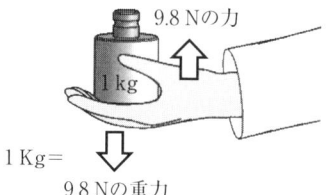

図 1.3 質量と重量は次元が異なる

義として用いる．重力単位系ではこの重さ(力)[Kg]と質量[kg]の数値が地上で同一になるようにしている．これは地上で生活している日常では成立しており便利なのであるが，その場所の重力加速度が標準と異なると，これが成立しなくなる．例えば月面では重力加速度が地球の1/6なので，1 kgの分銅の重さは0.17 Kgになり，数値が変化する．図1.3のように「地上で分銅が1 Kgの重さがある」とはその分銅が1 kgの質量をもち，(質量)×(重力加速度)＝$(1\,\mathrm{kg})(9.80\,\mathrm{m/s^2})=9.8\,\mathrm{kg\cdot m/s^2}=9.8\,\mathrm{N}$に等しい力(重量＝重力の力)で地表に引きつけられているとSI的に理解すべきである．

異なる単位系により，各種の単位が使用されている現状では，各単位間の関係を示す単位換算表を使いこなす必要がある．以下物理量ごとに単位換算表を示す．単位換算表は同じ行の数値と上の行の単位をつけて「1 cm＝0.01 m」のような等式として用いる．

長さ：SIはメートル[m]であるが，米国ではいまだにインチ[in.]，フィート[ft]が用いられている(表1.7)．

表 1.7 長さ(次元[L])の単位換算表

cm	m(SI)	ft	参考
1	0.01	0.03281	1 Å(オングストローム)＝10^{-10} m
100	1	3.281	1 μ(ミクロン)＝1 μm，1 yd(ヤード)＝3 ft
2.54	0.0254	0.08333	1 mile＝1760 yd＝5280 ft＝1609 m
30.48	0.3048	1	1 in.(インチ)＝25.4 mm＝(1/12) ft

質量：SIはキログラム[kg]であるが，米国ではいまだにポンド[lb]が用いられている(表1.8)．

力，重量：絶対単位系であるSIは力の単位が(質量)×(加速度)＝$\mathrm{kg\cdot m/s^2}$

表 1.8 質量[M]の単位換算表

g	kg(SI)	lb(ポンド)
1	0.001	0.002205
1000	1	2.205
453.6	0.4536	1

表 1.9 力および重量[MLT^{-2}]の単位換算表

Kg, kgf, kgw	lb$_f$	N=m·kg/s^2(SI)	参　考
1	2.205	9.807	1 dyn=1 g·cm/s^2
0.4536	1	4.4482	
0.1020	0.2248	1	

≡Nであるが，重力単位系ではキログラム重[Kg]，およびポンド[lb]基準のポンド重[lb$_f$]が使われる．1 N=0.102 Kgである（表1.9）．

圧力：圧力の定義は「(力)/((力の方向に垂直な)面積)」である．SIでの圧力の単位は簡単で[N/m^2]となり，これをパスカル[Pa]と称する．1 Paは非常に小さく，そのため1気圧は101 300 Paという大きい数値となる．したがって工学分野では[kPa]，[MPa]の使用が推奨される（大気圧は101.3 kPa=0.101 MPa）．なお，気象関係では従来単位（ミリバール[mbar]）との数値の一致を保つため，ヘクトパスカル[hPa]が用いられている（表1.10）．

重力単位系では圧力単位は力にキログラム重[Kg(kgf)]，面積に[cm^2]を用

表 1.10 圧力[ML^{-1}T^{-2}]の単位換算表

atm	bar	Kg$_f$/cm^2 =kgf/cm^2	lb$_f$/in.^{2} =psi	mmHg =Torr	mH$_2$O (4℃)	Pa=N/m^2 (SI)
1	1.013	1.033	14.70	760.0	10.33	101 300
0.9869	1	1.020	14.50	750.1	10.20	100 000
0.9678	0.9807	1	14.22	735.6	10.00	98 066
0.06805	0.06895	0.0703	1	51.72	0.7031	6895
0.001316	0.001333	0.00136	0.01934	1	0.01360	133.3
0.09678	0.09807	0.10000	1.422	73.56	1	9806.65
9.869×10^{-6}	1×10^{-5}	1.020×10^{-5}	1.450×10^{-4}	7.502×10^{-3}	1.02×10^{-4}	1

いて重量キログラム毎平方センチメートル(キロ)[Kg/cm², kgf/cm²]が多く使われてきた．1 Kg/cm²がほぼ1気圧に等しいので便利である．機械系では面積にm²を用いる[Kg/m²]も使われているので注意が必要である．同じく重力単位系であるヤード・ポンド系では力にポンド重[lb_f]，面積に平方インチ[in.²]をとり，圧力単位がpound (force) per square inch [lb_f/in.²]となる．この略称が[psi]であり，米国ではいまだに普通に使用される．

SIの[Pa]と重力単位系の[Kg/m²]との関係は以下のようである．

量の関係：$1\ \text{Kg/m}^2 = 9.807\ \text{Pa}$,

変数間の関係：$P'[\text{Kg/m}^2] = \dfrac{1}{9.807} P[\text{Pa}] = \dfrac{1}{g_c} P[\text{Pa}]$

この変数間の関係で現れる定数 $g_c = 9.807\ \text{Pa·m}^2/\text{Kg}$ を重力換算係数とよぶ．重力換算係数 g_c は質量に[kg]，力に[Kg]を使った工学単位系で使用され，機械工学系の教科書の記述などに用いられてきた．しかし圧力にも[Pa]を使うなど，SIで統一していれば重力換算係数は不要である[*1]．

なお，圧力の使用では絶対圧とゲージ圧の2種類があり，このことにも常に注意が必要である．ゲージ圧は大気圧基準の圧力で大気圧が0である．絶対圧は真空を0とした測り方で，大気圧は101.3 kPaである．多く用いられるブルドン管式圧力計はゲージ圧を表示する．しかし単位だけではその圧力がゲージ圧か絶対圧かは不明である．ただしpsi単位だけは絶対圧は[psia]，ゲージ圧は[psig]で表記する習慣なので誤解がない．

エネルギー，仕事：SIは熱量も仕事もジュール[J]で表示される．熱量の従来単位はカロリー[cal]である．また欧米ではBritish thermal unit [Btu]が使用される(表1.11)．

動力，仕事率：SIはワット[W]である．従来，自動車エンジンなどの動力は馬力[PS]で表示されていたが，SIの普及で[kW]で表示されるようになった(表1.12)．[kW]を使うと電気器具などと比較しやすくなり，これがSIの利点である．

[*1] 例えば流体工学の教科書で，円管内圧力損失の式(ハーゲン・ポアズイユ式)が重力単位系の圧力を用いて，「$\Delta P_f = \dfrac{32 \mu L \bar{u}}{D^2 g_c}$」のように記述されている．

表 1.11 仕事,エネルギー,熱量 $[ML^2T^{-2}]$ の単位換算表

J	kgf·m	L·atm	Btu	kcal$_{IT}$	kW·h
1	0.1020	0.009869	9.478×10^{-4}	2.388×10^{-4}	2.778×10^{-7}
9.807	1	0.09678	0.009295	0.002342	2.724×10^{-6}
101.3	10.33	1	0.0960	0.02420	2.815×10^{-5}
1055	107.6	10.41	1	0.2520	2.930×10^{-4}
4187	426.9	41.32	3.968	1	0.00116
3.6×10^6	3.671×10^5	3.553×10^4	3412	859.8	1

(参考) 1 erg=1 dyn·cm=10^{-7} J, 1 eV=1.6×10^{-19} J, 1 W·s=1 V·A·s=1 J
熱化学カロリー:1 cal$_{th}$=4.1840 J, 国際カロリー:1 cal$_{IT}$=4.1868 J

表 1.12 動力,仕事率 $[ML^2T^{-3}]$ の単位換算表

kW	kgf·m/s	HP(馬力,英馬力)	PS(仏馬力)	kcal$_{IT}$/h
1	102.0	1.341	1.360	859.85
0.009807	1	0.01315	0.01333	8.432
0.7457	76.04	1	1.014	641.1
0.7355	75	0.9863	1	632.4
0.001163	0.1186	0.001559	0.001581	1

(参考) 1 W=1 J/s=1 kg·m²/s³, 1 HP(=horse power)=550 lb$_f$·ft/s

表 1.13 粘度(粘性係数) $[ML^{-1}T^{-1}]$ の単位換算表

P=g/(cm·s)	kg/(m·h)	Pa·s(SI) =kg/(m·s)=N·s/m²	lb/(ft·s)
1	360	0.1	0.06720
0.002778	1	0.0002778	0.0001867
10	3600	1	0.6720
14.881	5357	1.4881	1

粘度:化学工学で重要な物性値である粘度(粘性係数)の単位換算表を示す(表 1.13).従来単位はポアズ[P(=g/(cm·s))]であり,SI ではパスカル秒(Pascal-second)[Pa·s]である.室温での水の粘度はおよそ 1 cP=1 mPa·s である.

温度:温度もセ氏(Celsius)温度[℃],カ氏(Fahrenheit)温度[℉]など従来単位は各種ある.SI では絶対温度のケルビン[K]を用いる.[K]は温度の絶対値とともに,温度差にも使えるので便利である.温度の換算は「単位換算」で

はなく「目盛り」の変換なので、単位はつけず数値だけで計算する。各温度の記号を $T_C[℃]$, $T_F[℉]$, $T_K[K]$ として、各温度間の関係式は以下のようである。

$$T_C[℃] = T_K[K] - 273.15 \tag{1.1}$$

$$T_C[℃] = \frac{(T_F[℉] + 40)}{1.8} - 40 \tag{1.2}$$

$$T_F[℉] = 1.8 T_C[℃] + 32 \tag{1.3}$$

1.1.5 単位換算法

技術者にとって単位換算は日常作業なので、機械的に手早くおこなえるよう一定の手順を身につけておくべきである。ここでは「単位換算表から1をつくり、数値と単位間に挿入する」方法を示す。

【例題 1.4】 粘度の単位換算

水の粘度 1 cP(=0.01)を[mPa·s]単位に換算せよ。c, m は接頭語である。

（解）単位換算表より 1 kg=1000 g, 100 cm=1 m の関係式をつくる。これから「1」をつくる。

$$1 = \left|\frac{1 \text{ kg}}{1000 \text{ g}}\right|, \quad 1 = \left|\frac{100 \text{ cm}}{1 \text{ m}}\right|$$

1 は式中に挿入してもよいので、これらを数値と単位の間に挿入できる。その後数値ごと、単位ごとの計算をおこない、以下のように目的の単位換算がなされる。

$$0.01 \frac{\text{g}}{\text{cm·s}} = 0.01 \left|\frac{1 \text{ kg}}{1000 \text{ g}}\right|\left|\frac{100 \text{ cm}}{1 \text{ m}}\right|\frac{\text{g}}{\text{cm·s}} = 0.001 \frac{\text{kg}}{\text{m·s}} = 1 \text{ mPa·s}$$

【例題 1.5】 気体定数 R の単位換算

気体定数 R の値は「理想気体 $n=1$ mol の体積は $p=1$ atm, $T=273$ K(0℃) で 22.4 L の容積をもつ」の定義より、次式で得られる。

$$R = \frac{pV}{nT} = \frac{1 \text{ atm·22.4 L}}{1 \text{ mol·273 K}} = 0.0821 \frac{\text{L·atm}}{\text{mol·K}}$$

これを SI に換算せよ。

（解）　単位換算表より，$1\,\mathrm{L}=0.001\,\mathrm{m}^3$，および $1\,\mathrm{atm}=1.013\times10^5\,\mathrm{Pa}$ を得る．これらより 1 をつくって数値と単位の間に挿入し，数値ごと，単位ごとの計算をして目的の単位換算がなされる．

$$0.0821\frac{\mathrm{L\cdot atm}}{\mathrm{mol\cdot K}}=0.0821\left|\frac{0.001\,\mathrm{m}^3}{1\,\mathrm{L}}\right|\frac{1.013\times10^5\,\mathrm{Pa}}{1\,\mathrm{atm}}\left|\frac{\mathrm{L\cdot atm}}{\mathrm{mol\cdot K}}\right.$$

$$=（数値ごとの計算）（単位ごとの計算）=8.32\frac{\mathrm{Pa\cdot m}^3}{\mathrm{mol\cdot K}}=8.32\frac{\mathrm{J}}{\mathrm{mol\cdot K}}$$

なお，$\mathrm{Pa\cdot m}^3=(\mathrm{N/m}^2)\mathrm{m}^3=\mathrm{N\cdot m}=\mathrm{J}$ である．

注）　各種単位による気体定数

　$8.314\,\mathrm{m}^3\cdot\mathrm{Pa}/(\mathrm{mol\cdot K})$ 　　　　　$0.08314\,\mathrm{L\cdot bar}/(\mathrm{mol\cdot K})$

　$8.314\,\mathrm{J}/(\mathrm{mol\cdot K})$ 　　　　　　　　$1.987\,\mathrm{cal}/(\mathrm{mol\cdot K})$

　$0.08206\,\mathrm{L\cdot atm}/(\mathrm{mol\cdot K})$ 　　　　$62.36\,\mathrm{L\cdot mmHg}/(\mathrm{mol\cdot K})$

　$10.73\,\mathrm{ft}^3\cdot\mathrm{psia}/(\mathrm{lb\text{-}mol\cdot °R})$ 　　　　$1.987\,\mathrm{Btu}/(\mathrm{lb\text{-}mol\cdot °R})$

　$0.7302\,\mathrm{ft}^3\cdot\mathrm{atm}/(\mathrm{lb\text{-}mol\cdot °R})$ 　　　（°R：$\Delta°\mathrm{F}=\Delta°\mathrm{R}$ とした絶対温度）

1.1.6　実験式の単位換算

物理学の法則など変数により記述された式は単位系によらず成立するものである．しかし，実験式のように有次元の係数が式中にあると，その式の単位系により係数が異なる問題が生じる．このような実験式の単位換算（係数の変更）は難度が高い．以下の例題で示すが，その際は図 1.2 に示した変数と物理量間の関係が用いられる．

【例題 1.6】　次元のある実験式の単位換算

水平円柱の外表面からの自然対流伝熱速度が実験式：$\dfrac{q}{A}=0.27\dfrac{(\Delta T)^{1.25}}{D^{0.25}}$ で表されている．ここで，$q\,[\mathrm{Btu/h}]$ は単位時間あたりの伝熱速度，$A\,[\mathrm{ft}^2]$ は円柱の外表面積，$D\,[\mathrm{ft}]$ は円柱の外径，$\Delta T\,[°\mathrm{F}]$ は円柱の表面温度と大気温度との差である．実験式中の各変数を SI で表した新しい実験式を作成せよ．

（解）　まず物理量間の関係を単位換算で求める．

$$1\frac{\mathrm{Btu}}{\mathrm{h}}=1\left|\frac{1\,\mathrm{J}}{9.478\times10^{-4}\,\mathrm{Btu}}\right|\frac{1\,\mathrm{h}}{3600\,\mathrm{s}}\left|\frac{\mathrm{Btu}}{\mathrm{h}}\right.=\frac{1}{3.412}\frac{\mathrm{J}}{\mathrm{s}}$$

先に述べた図 1.2 の関係より，変数間の関係は，係数を逆数にして，
$$q[\text{Btu/h}] = 3.412 q'[\text{J/s}]$$
である．以下同様に，$1\,\text{ft}^2 = 1\left|\dfrac{1\,\text{m}}{3.281\,\text{ft}}\right|^2 \text{ft}^2 = \dfrac{1}{10.76}\,\text{m}^2$ より，
$A[\text{ft}^2] = 10.76 A'[\text{m}^2]$，$D[\text{ft}] = 3.281 D'[\text{m}]$，$\Delta T[°\text{F}] = 1.8\Delta T'[\text{K}]$ をつくる．
元の実験式にこれらを代入して，数値を計算することで次式となる．

$$\frac{3.412 q'}{10.76 A'} = 0.27 \frac{(1.8\Delta T')^{1.25}}{(3.281 D')^{0.25}} \quad \text{すなわち，} \quad \frac{q'[\text{J/s}]}{A'[\text{m}^2]} = 1.32 \frac{(\Delta T'[\text{K}])^{1.25}}{(D'[\text{m}])^{0.25}}$$

1.2 エンジニアの道具・データの取扱いとグラフ

1.2.1 PDCA サイクルとケミカルエンジニアの道具

業務一般で PDCA(Plan-Do-Check-Act)サイクルの重要性がいわれている．この PDCA サイクルは化学技術者の仕事・プロジェクトにおいてもあてはまる．Plan は研究計画，Do は実験の実施およびデータ収集と整理，Check はデータ解析，Act は発表という，技術者の仕事の進行段階に対応する．技術者はこれら業務の各進行段階で適切な「道具」を活用して仕事を遂行しなくてはならない．例えば，計画の段階では技術の調査のため文献・便覧という道具が必要である．実験の段階では実験装置とデータ整理のための道具，解析の段階ではモデル解析・方程式解法の道具，発表段階ではグラフの作成の道具が必要である(表 1.14)．

以前はこれらの道具は各々別のものであり，各道具のある場所も違っていた．文献調査は図書館に出向いて Chemical Abstract や雑誌のバックナンバーを調べた．データ整理は机上で集計用紙と計算尺や電卓を用いておこなわれた．モデル解析は計算機室に出向いてパンチカードでプログラムを入力しておこなった．グラフの作成はトレース紙上にステンシルで墨入れをしたものであ

表 1.14 ケミカルエンジニアの道具

プロジェクト進行	道 具
Plan：研究計画	専門雑誌(文献)，便覧類(物性値，技術)
Do：実験・データ収集と整理	最小 2 乗法，相関式作成，数値積分
Check：データ解析(仮説・モデルの検証)	方程式解法
Act：学会発表・論文発表	グラフ作成

る．しかしパソコンとネットワークの進歩により，現在のエンジニアはこれらほとんどの仕事を手元のパソコンでおこなうことができるようになった．文献調査はインターネットの検索システムと電子ジャーナルでおこなえるし，物性値もネット上で調査できる．グラフ作成を含むデータに関わる種々の処理はほとんどが表計算(Excel)上でおこなわれる．さらには方程式解法も Excel で可能となった．つまり，これからのエンジニアはネットと Excel を道具として使いこなすことが必須である．以下に主として Excel 上の道具について紹介する．なお，方程式解法は次節でまとめて述べる．

1.2.2 エンジニアの道具——物性値表——

化学プロセスの計算ではまずプロセス中の成分の物性値(properties)を調べる必要がある．基礎的な物性値は「物性値表」として便覧類に掲載されており，また，近年はネット上で公開されている物性値データベースもある[4]．図1.4は「化学工学便覧」[3]の物性値表である．物質ごとに分子量，臨界定数(3.1.2)，SP値(溶解度パラメーター)，熱容量(4.1.2)，蒸気圧式の係数(3.2.1)，熱力学的データ(4.2, 4.4)が記載されている．本書でも( )で示した節や項でこれらの物性値を使用する．

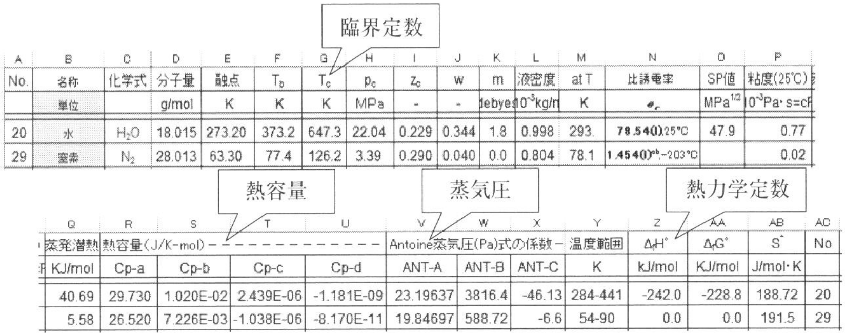

A	B	C	D	E	F	G	H	I	J	K	L	M	N	O	P
No.	名称	化学式	分子量	融点	T_b	T_c	p_c	z_c	w	m	液密度	atT	比誘電率	SP値	粘度(25℃)
	単位		g/mol	K	K	K	MPa	-	-	debye	10^{-3} kg/m	K	ε_r	MPa$^{1/2}$	10^{-3} Pa·s=cP
20	水	H_2O	18.015	273.20	373.2	647.3	22.04	0.229	0.344	1.8	0.998	293.	78.540(25℃)	47.9	0.77
29	窒素	N_2	28.013	63.30	77.4	126.2	3.39	0.290	0.040	0.0	0.804	78.1	1.4540(ab-203℃)		0.02

熱容量　　蒸気圧　　熱力学定数

Q	R	S	T	U	V	W	X	Y	Z	AA	AB	AC
蒸発潜熱	熱容量(J/K-mol)				Antoine蒸気圧(Pa)式の係数			温度範囲	ΔH°	ΔG°	S°	No
KJ/mol	Cp-a	Cp-b	Cp-c	Cp-d	ANT-A	ANT-B	ANT-C	K	kJ/mol	kJ/mol	J/mol·K	
40.69	29.730	1.020E-02	2.439E-06	-1.181E-09	23.19637	3816.4	-46.13	284-441	-242.0	-228.8	188.72	20
5.58	26.520	7.226E-03	-1.038E-06	-8.170E-11	19.84697	588.72	-6.6	54-90	0.0	0.0	191.5	29

図1.4　物性値表(化学工学便覧)〈Prop_Table.xls〉

1.2.3　化工計算の統合ツール——プロセスシミュレータ——

工学は定量的であることが前提である．そのためにエンジニアは常に計算をしている．化学工学ではこれが「化工計算」とよばれる．

化学プロセスの設計は物性値計算とプロセスの熱・物質収支計算の総合でな

される.それを全て組み込んだパソコン上のツールが化学プロセスシミュレータである.パソコンの画面上でプロセスフローを組み立て,成分と条件を指定すると,成分の物性値を推算して,プロセスの熱収支・物質収支が自動的に計算される.代表的な化学プロセスシミュレータは商品名 Aspen Plus®,HYSYS®,Pro/II® などである.化学工学の専門課程というのはその中身(工学的・理論的基礎)を個々に学び,化学プロセスシミュレータを使いこなす技術者を育成する課程であるともいえる.図1.5はプロセスシミュレータ上でのアンモニアプロセス(a)および平衡転化率計算(ギブズ反応器)(b)の例である.

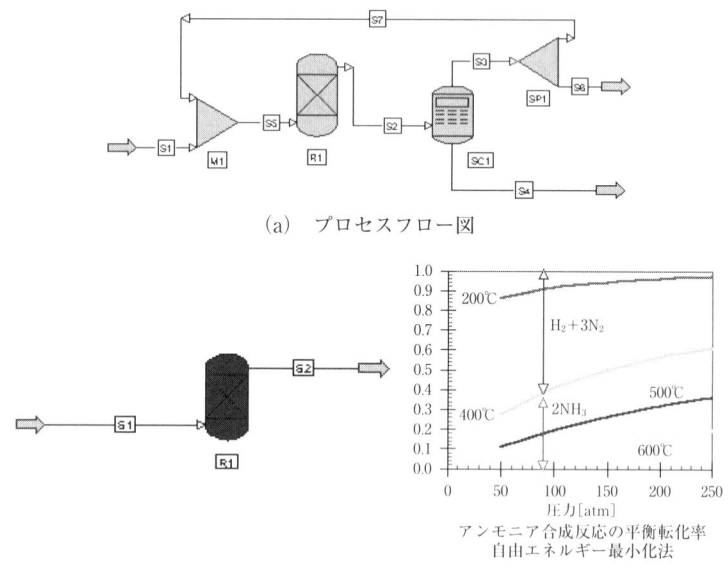

(a) プロセスフロー図

(b) 反応計算(ギブズ反応器)

図 1.5　化学プロセスシミュレータ

1.2.4　エンジニアのパーソナルツールとしての Excel

エンジニアが使う化工計算の道具はこれまで計算尺,電卓,大型計算機によるプログラミングと進歩してきたが,今後はパソコン上の Excel で定着するであろう.以下に Excel 表計算の特徴および使いこなしのヒントを列記する.

セル:「シート」はセルで構成され,セルは A1 の形式で座標をもち,他の

セルからその座標位置で参照される．

セルの裏表：セルには裏に"＝"で始まる数式と表(おもて)にその結果である数値が表示される．

数値の入力と表示：指数表示数値($8.03×10^{-3}$)は[8.03e-3]と入力．数値の各種表示形式を知っておく．

式の入力："＝"で始まるセルの数式記述では，演算子の書き方，計算の優先順序など基本はプログラミングに同じ．指数(exp())は[exp()]，自然対数(ln)は[LN()]，常用対数(log)は[LOG()](図1.6(a))．

セルのコピー：セルのコピーとオートフィルの違いを理解すること(図1.6(b))．

相対指定，絶対指定：数式中でのセル参照には相対指定(A1形式)と絶対指定(A1形式)とがあり，セルのコピーの際に重要となる．相対指定，絶対指定は[F4]で切り替わる．セル参照の入力はマウスクリックでおこなう方法が便利．

exp($-x^n$) に気をつけろ：セルの数式では「単項マイナス」が最優先である．このため $y=-x^n$ を計算するつもりで＝-2^2としても，"4"とプラスの値に

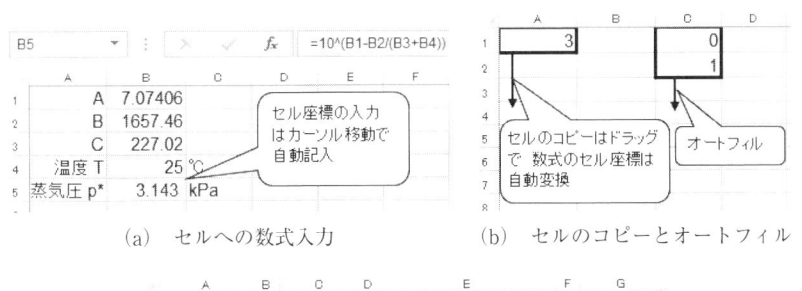

図 1.6 Excel の活用法

なる．これが関数の（ ）内でも適用されるので，特に $\exp(-x^n)$ の関数形には注意する必要がある（図 1.6(c)）（ただし VBA（マクロ）では一般の取扱いである）．

【例題 1.7】 式の計算〈bce04.xls〉

水蒸気の飽和蒸気圧 p^*[Pa]は次式のアントワン（Antoine）式で表せる（T は [K]）．0〜100℃の表をつくれ．

$$\ln p^* = A - \frac{B}{(T+C)} \quad (A=23.1964, \quad B=3816.44, \quad C=-46.13)$$

（解）図 1.7 のシートで A 列が温度，B：C 列に定数，E 列にアントワン式を書く．

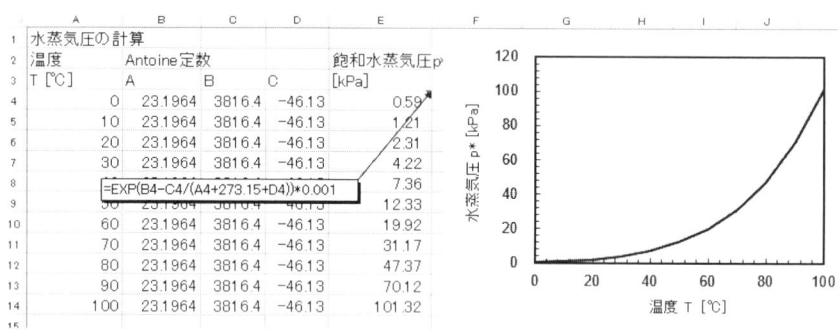

図 1.7 蒸気圧の計算シート

1.2.5 グラフ

仕事の結果評価と発表の段階で，実験および解析結果がグラフで示される．技術者にとって，データを適切なグラフで表現するスキルは，おこなった仕事の結果を評価してもらうために必須である．技術者がグラフを描く目的は変数 x, y 間の因果関係をデータという証拠をもって示すことである．普通は横軸 x に原因となる変数（温度など），縦軸 y に結果となる変数（蒸気圧など）をとる．化学工学における変数間の関係は理論的に指数関数，累乗（べき乗）で表せることが多いので，そのためそれを表現するグラフも片対数グラフや両対数グ

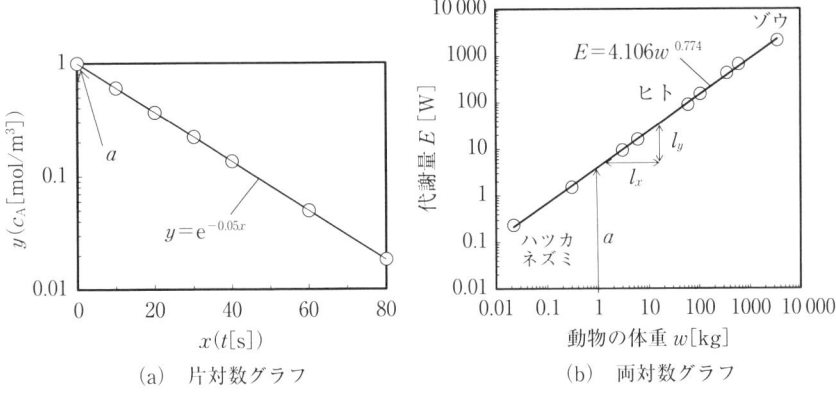

(a) 片対数グラフ (b) 両対数グラフ

図1.8 片対数グラフと両対数グラフ〈bce02.xls〉

ラフを用いる(図1.8).

片対数グラフ:想定しているx-y関係は指数関数:
$$y = a\exp(bx) \tag{1.4}$$
である.この式の常用対数(log)をとると次式であり,片対数グラフ上でx-$\log y$関係が直線で表示される.
$$\log y = bx\log e + \log a = (b/2.303)x + \log a \tag{1.5}$$
片対数グラフ上の直線において,$x=0$でのyの値がaである.また,bは直線上の1点(x_1, y_1)から$b = (\ln y_1 - \ln a)/x_1$で得られる.

両対数グラフ:想定しているx-y関係は累乗(べき乗)関係:
$$y = ax^b \tag{1.6}$$
である.この式の常用対数(log)をとると次式であり,両対数グラフ上で$\log x$-$\log y$関係が直線で表示される.
$$\log y = b\log x + \log a \tag{1.7}$$
両対数グラフ上の直線において,$x=1$すなわち$\log x = 0$でのyの値がaである.また,bはグラフ上の実際の長さl_x, l_yによる傾き$(b = l_y/l_x)$である(図1.8(b)).

【例題1.8】 片対数グラフ,両対数グラフ〈bce04.xls〉
Excelシートで水の飽和蒸気圧線(例題1.7)を各種グラフでプロットせよ.

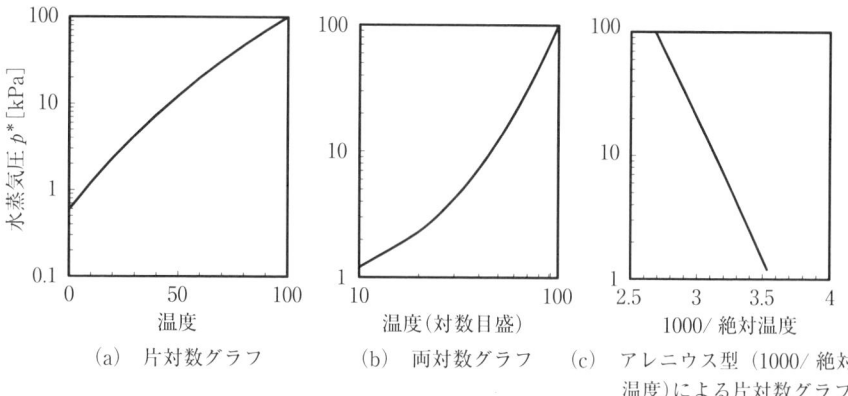

(a) 片対数グラフ　　(b) 両対数グラフ　　(c) アレニウス型（1000/絶対温度）による片対数グラフ

図 1.9　蒸気圧曲線

直線にするにはどうするか．

（解）　図 1.9 に片対数(a)，両対数(b)による表示を示す．どちらも蒸気圧線が直線にはならない．(c)は温度に絶対温度を用い，その逆数を横軸としたものである．この形式では片対数グラフ上で蒸気圧曲線がほぼ直線になる．

1.2.6　相関式，最小2乗法

データのグラフ表示では最後にそのデータの相関式を作成・表示することが

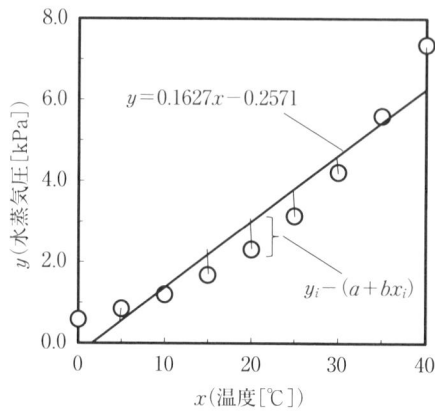

図 1.10　最小2乗法 〈bce04.xls〉

多い．データの相関式はデータが理論に一致していることを示す目的や，データを表す式をシミュレーションで使う目的で作成される．Excel のグラフには近似曲線機能があり，簡便に相関式が作成できる．Excel グラフの近似曲線の種類には指数，累乗，多項式などがある．図 1.10 は蒸気圧データ (x_i, y_i) を 1 次関数 $y=a+bx$ で近似した例である．近似曲線ではデータ y_i と相関式の値 $y=a+bx_i$ との残差 2 乗和 D：

$$D=\sum_i [y_i-(a+bx_i)]^2 \tag{1.8}$$

が最小となるような係数 a, b が探索される．これが最小 2 乗法である．

【例題 1.9】 Excel グラフでの相関式作成〈bce04.xls〉
Excel グラフの近似曲線機能により水の飽和蒸気圧曲線の各種相関を試みよ．

（解）1 次式による相関例を図 1.10 に示す．これは，グラフのデータ上で右クリック → 近似曲線の追加 → 多項式近似(1 次)，により表示される（この際 ☑ グラフに数式を表示する，をチェックする）．

この Excel グラフの近似曲線機能(最小 2 乗法)は有用な道具であるが，ケミカルエンジニアの使う物性値や理論式は $y=a+bx+cx^2$ のような多項式で表される場合はほとんどなく，前述のように多くは指数式，累乗式および非線形式である．このため Excel にある近似曲線機能のみでは不十分である．そこでソルバーを利用して非線形の式に最小 2 乗法をおこなう汎用の方法を習得すべきである．次の例題でソルバーを用いた非線形式の最小 2 乗法を示す．

【例題 1.10】 非線形最小 2 乗法——Michaelis-Menten 式のパラメーター推定——〈bce35.xls〉
酵素による乳糖の加水分解で，初期反応速度 $-r_{s0}$ と基質濃度 C_{s0} との関係が図 1.11 の表のようであった．

Michaelis-Menten 式： $-r_{s0}=\dfrac{V_{\max}C_{s0}}{K_{\mathrm{m}}+C_{s0}}$

20　　1　ケミカルエンジニアの道具

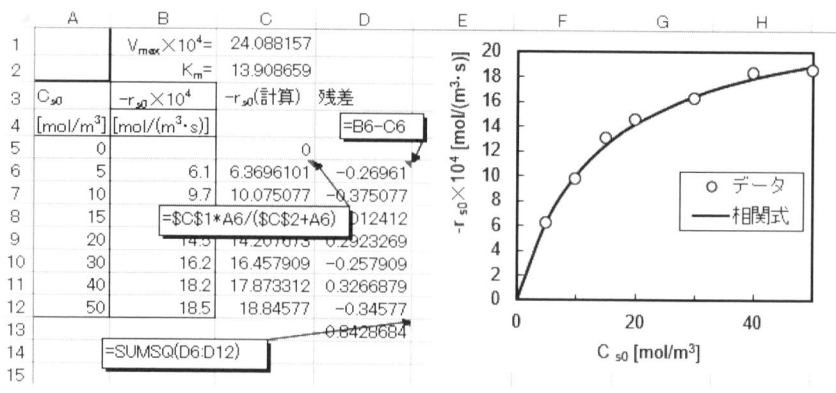

図 1.11　ソルバーによる非線形最小2乗法〈bce35.xls〉

のパラメーターである Michaelis 定数 K_m と最大反応速度 V_max を推定せよ．

（解）　図 1.11 のセル C1：C2 にパラメーターの初期値を設定し，C6：C12 に Michaelis-Menten 式による計算値を作成する．データとの残差を求め，その 2 乗和を D13 とする．「データ」リボンにある「ソルバー」機能[*2] を出し，「変数セルの変更」を C1：C2，「目的セルの設定」を D13 として，「目標値」を「最小値」と設定して，「解決」ボタンを押す．C1：C2 に最適値が得られる．

1.2.7　Excel 上のプログラミング

マクロとは表計算上でのキー操作を記録し，再生実行する機能であったが，Excel ではマクロが BASIC 言語(VBA, Visual Basic for Application)で記述されるようになった．これにより数値計算など本格的プログラミングを Excel 上でおこなえる．VBA の基本的使い方を数値積分の例題で紹介する．

化工計算ではデータの積分値が必要なことが多い．データの数値積分は台形公式による方法が普通であるが，実際にはデータのバラツキもあるので，ここでは最小 2 乗法などでデータの相関式を求めて，その式を積分する，という方法

[*2]　「データ」リボンにソルバーがない場合は，ファイル→オプション→アドイン→Excel アドイン設定→☑ソルバーアドインとする．

を推奨する．データの相関式が決まれば，その式を数値積分するのは Simpson の公式により容易である．すなわち定積分 $S=\int_a^b f(x)\mathrm{d}x$ を次式で計算する．
$$S=(1/3)h[f(a)+\{4f(a+h)+2f(a+2h)\}+\{4f(a+3h)+2f(a+4h)\}$$
$$+\cdots+\{4f(b-3h)+2f(b-2h)\}+4f(b-h)+f(b)] \tag{1.9}$$
ここで，$h=(b-a)/n$ で，n は区間の分割数(偶数)である．

図 1.12 が Simpson 法による「積分シート」である．VBA プログラム部分

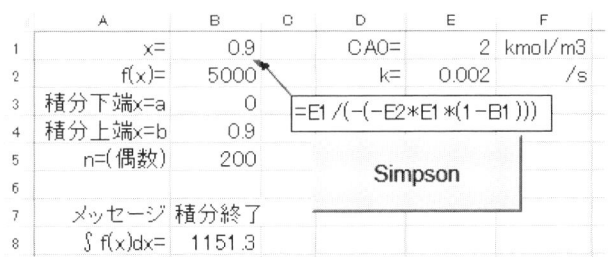

(a) 数値積分シート

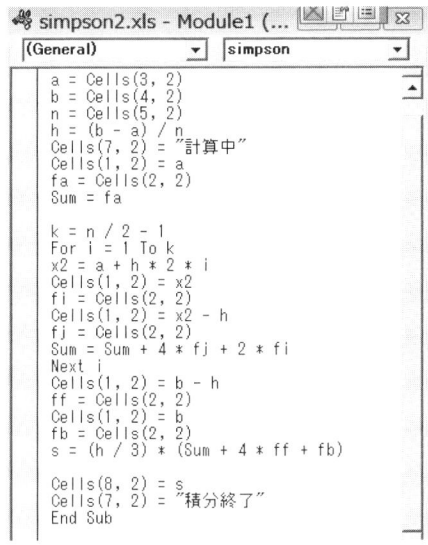

(b) VBA プログラム

図 1.12 数値積分シート(a)と VBA プログラム(b) 〈bce77.xls〉

は汎用であり，シート上のセルに任意の被積分関数と積分区間を記述する．このシートの使い方を例題で示す．

【例題 1.11】 回分反応の反応時間〈bce77.xls〉

回分反応器において反応成分 A の転化率 x_A と反応時間 t との関係は次式で与えられる．

$$t = C_{A0} \int_0^{x_A} \frac{1}{-r} dx_A$$

反応速度 r が $r = -kC_{A0}(1-x_A)$ で表せるとき，$x_A = 0.9$ となる反応時間を求めよ．$k = 0.002/s$，$C_{A0} = 2.0\,\text{kmol/m}^3$ とする．

（解）図 1.12 が VBA による積分プログラム(b)が付属したシート(a)である．セル B1 を変数 x として，積分する関数 $f(x)$ を B2 に記述する．積分区間と分割数を B3：B5 で指定して，ボタン"Simpson"をクリックすることで図 1.12(b) の VBA プログラムが開始される．VBA プログラム中では"a＝cells(3,2)"でシート上のセルの値を取り込み，計算は BASIC の文法に従う．計算結果を"cells(8,2)＝s"でシート上に出力する．プログラムが実行されて，セル B8 に積分値が $t = 1151$ s と得られた．

1.3 Excel による方程式解法

1.3.1 化工計算——モデルと方程式——Excel 上の方程式解法の道具

プロセスの設計や解析では，対象をモデル化(数式化)して，次にそれを解くという仕事が中心となる．この「化工計算」は，ケミカルエンジニアに期待される主要なスキルである．対象をモデル化する技術は各種単位操作(蒸留，吸収，反応工学など)を具体的に学ぶことで習得する．一方，作成したモデル式を解くことは数学的な方程式解法のスキルとして別に習得できるであろう(伝統的には個々の操作のモデル式を図式解法など特有の解法で解く)．

化工計算で解くべきモデル式はあまり難しくないと考えておくべきである．むしろ，装置・プロセスの複雑な現象を解ける範囲のモデル式に落とし込むことがエンジニアのスキルである．したがって化工計算で解くべき方程式はそれ

表 1.15　化工計算の方程式と Excel 上の道具

モデル式	Excel 上の方程式解法のツール(本書)
連立1次方程式(多変数，線形)	ワークシート関数(1.3.2)
1変数の非線形方程式	ゴールシーク(1.3.3)
連立非線形方程式	ソルバー(1.3.4)
微分方程式(1変数，多変数)	常微分方程式解法シート(1.3.5)
偏微分方程式	差分解法(1.3.6)

ほど種類は多くなく，表 1.15 の 5 種類でほぼ全てをカバーしている．

本書では Excel を方程式解法の道具として活用するが，元来，表計算ソフトは集計用紙の電子化から発したものであり，方程式を解くという用途は考えられていなかった．それが Excel の場合，ソルバーや VBA などの機能追加により方程式解法も可能になったという経緯がある．そのため，Excel 上では扱う方程式の種類で解くためのツールが異なる．この対応を表 1.15 に示す．Excel を化工計算で使いこなすには，まずモデル式の種類に応じて適切なツールを選択するというスキルが必要である．以下に方程式解法に用いる Excel の各ツールを紹介する．

1.3.2　連立1次方程式：ワークシート関数

連立 1 次方程式はワークシート関数である行列演算関数により解くことができる．

【例題 1.12】　化学量論係数の決定[5, p.20]　〈bce05.xls〉

生体反応を簡略化して，炭化水素 CH_2O が酸素とアンモニアと反応して細胞物質と水，CO_2 が生成する反応とする：

$$CH_2O + aO_2 + bNH_3 \longrightarrow cCH_2O_{0.27}N_{0.25} + dH_2O + eCO_2$$

また，呼吸商(RQ)：$RQ = \dfrac{e}{a} = 1.5$ が追加の条件となる．元素収支から化学量論係数を決めよ(参考：グルコースは $C_6H_{12}O_6$ である)．

(解)　反応式で各元素の収支をとると次式である．

C 収支：$1 = c + e$，H 収支：$2 + 3b = 2c + 2d$，

O 収支：$1 + 2a = 0.27c + d + 2e$，N 収支：$b = 0.25c$

これを行列形式で整理すると次式である．

$$\begin{bmatrix} 0 & 0 & 1 & 0 & 1 \\ 0 & 3 & -2 & -2 & 0 \\ 2 & 0 & -0.27 & -1 & -2 \\ 0 & 1 & -0.25 & 0 & 0 \\ 1.5 & 0 & 0 & 0 & -1 \end{bmatrix} \begin{bmatrix} a \\ b \\ c \\ d \\ e \end{bmatrix} = \begin{bmatrix} 1 \\ -2 \\ -1 \\ 0 \\ 0 \end{bmatrix}$$

この5元連立1次方程式の解を**行列演算関数**により求める．

まず係数行列の逆行列を求める．図1.13のシートで解を記入するセル範囲 C7：G11 を選択し，"＝MINVERSE(A1：E5)"を**配列数式入力**する(配列数式入力では範囲を指定し，式を記述し，Shift＋Ctrl＋Enter で入力する)．次に J7：J11 を選択し，"＝MMULT(C7：G11, H7：H11)" を配列数式入力することで，J7：J11 に連立1次方程式の解が得られる．

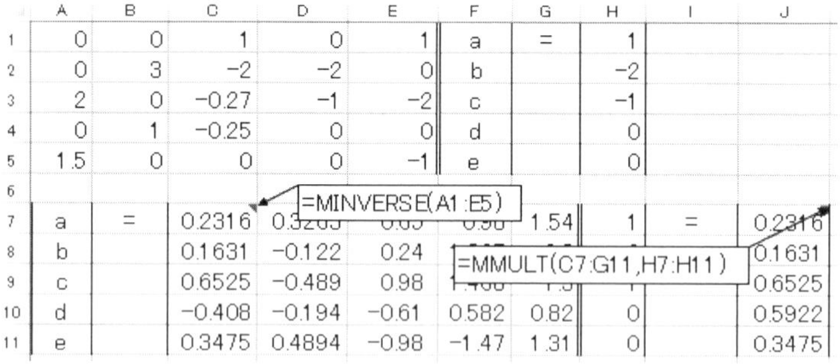

図 1.13 連立1次方程式の行列演算関数による解法 〈bce05.xls〉

1.3.3 非線形方程式(1変数)：ゴールシーク

1変数の非線形方程式は Excel 標準のツールである「ゴールシーク」で解かれる．ゴールシークでは未知数を変化させて，式を繰り返し計算することで，条件に合う未知数の値が探索される．ただし，解が複数ある場合には初期値を変えて個々に解を探索する必要がある．ゴールシークは Excel の「データ」リボン → What-If 分析 → ゴールシークで設定ウィンドウを出す．

1.3 Excelによる方程式解法

【例題1.13】 沸点計算 〈bce06.xls〉

10 mol%エタノール水溶液の大気圧下での沸点 T を求めよ．これは未知数 T に関する次式の方程式を解くことになる(3.3節を参照)．

$$101.3 \times 10^3 = 3.23 \cdot 0.1 \cdot e^{\left(23.8047 - \frac{3803.98}{T - 41.68}\right)} + 1.03 \cdot (1 - 0.1) \cdot e^{\left(23.1964 - \frac{3816.44}{T - 46.13}\right)}$$

（解）図1.14のシートでセル B1 に T の初期値を入れ，B2 に方程式の残差 (=(右辺)-(左辺))を記述する。データ→What-If 分析→ゴールシークで設定ウィンドウを開く．このウィンドウで「**変化させるセル**」とは未知数 T のことであり，B1 を指定する．「**数式入力セル**」が方程式(式の残差)のことであり，B2 を指定する．その「**目標値**」を 0 と記入して，OK ボタンでゴールシークを実行する．解が図1.14のように得られる．

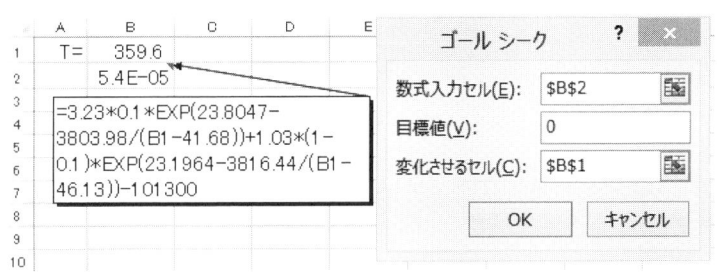

図 1.14 ゴールシークによる非線形方程式解法 〈bce06.xls〉

【例題1.14】 pH の計算 〈bce07.xls〉

濃度 1×10^{-7} mol/L の稀薄な塩酸水溶液の pH を求めよ．

（解）水分子の解離により生成した[H^+], [OH^-]イオンの濃度，[H^+]$_w$, [OH^-]$_w$ を x とする．([H^+]$_w$=[OH^-]$_w$=x)溶液中の[H^+]濃度は塩酸からくるものと水の解離によるものの和である([H^+]=[H^+]$_{HCl}$+[H^+]$_w$=1×10^{-7}+x)．[OH^-]濃度は水の解離によるもののみである([OH^-]=[OH^-]$_w$=x)．水のイオン積より[H^+]×[OH^-]=1×10^{-14} である．よって2次方程式：

$$(1 \times 10^{-7} + x)x = 1 \times 10^{-14}$$

となる．この方程式は数値が極端に小さいので，ゴールシークでは解けず，精

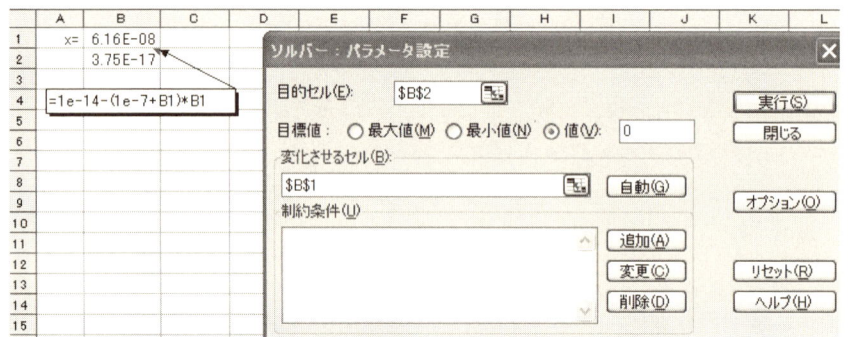

図 1.15　ソルバーによる非線形方程式解法 〈bce07.xls〉

度を調整できるソルバーで解く．しかも［オプション］の［制約条件の精度］を $1e^{-16}$ などとする（図 1.15）．その結果 $x=6.18\times 10^{-8}$ が得られた．これより $[H^+]=1\times 10^{-7}+6.18\times 10^{-8}=1.62\times 10^{-7}$．よって pH$=-\log(1.62\times 10^{-7})$ $=6.73$．

1.3.4　連立非線形方程式：ソルバー

Excel の求解機能のうち，「ソルバー」が多変数の連立非線形方程式の解法に用いられる．連立非線形方程式では（変数の数）＝（方程式の数）であるが，さらに前節例題 1.10 で示したように，（変数の数）＜（方程式の数）の場合の最適化の解法にも用いることができる．このようにソルバーは多くの技術計算に活用できる強力なツールであるが，基本はひとつの値（目的セル）について収束方法を指定するようになっている．この点で方程式を解く目的ではわかりにくい面もあり，使いこなすにあたって工夫が必要である．

【例題 1.15】　リサイクル・パージプロセスの物質収支 〈bce10.xls〉
2 章の例題 2.17 で 4 つの未知数 x_1, x_2, x_3, x_4 について次の連立非線形方程式をたてている．これを解け．

$$\begin{cases} 100=x_3+2x_4 & (1) \\ (100+x_1)(1-0.30)=x_3+x_1 & (2) \end{cases}$$

1.3 Excel による方程式解法

$$\begin{cases} \dfrac{x_1}{x_2} = \dfrac{x_3}{1} & (3) \\ \dfrac{1+x_2}{100+1+x_1+x_2} = 0.10 & (4) \end{cases}$$

(解) 図 1.16(a) のセル **B4：B7** に未知数の適当な初期値を入れる．式(1)〜(4)の残差(＝(右辺)−(左辺))を **D4：D7** に記入する．データ→ソルバーから「ソルバー」の設定ウィンドウを開く．ここで，「**変数セルの変更**」が未知数のことであり，**B4：B7** を指定する．「**目的セルの設定**」には **D4** を指定し，「**指定値**」は 0 とする．「**制約条件の対象**」→「**追加**」で "D5＝0"，"D6＝0"，"D7＝0" の条件を加えることで，連立方程式の解を求める設定となる．実行ボタンで解が **B4：B7** のように得られる．

このようにソルバーで連立方程式を解くには個々の式を "＝0" に設定して解くのが普通である．しかし本書では図 1.16(b) のように，「**残差2乗和**」(＝SUMSQ())をセル **D8** につくり，それを最小化する方法を勧めている．これは簡便さと，最小2乗法との共通性の観点から統一しているものである．な

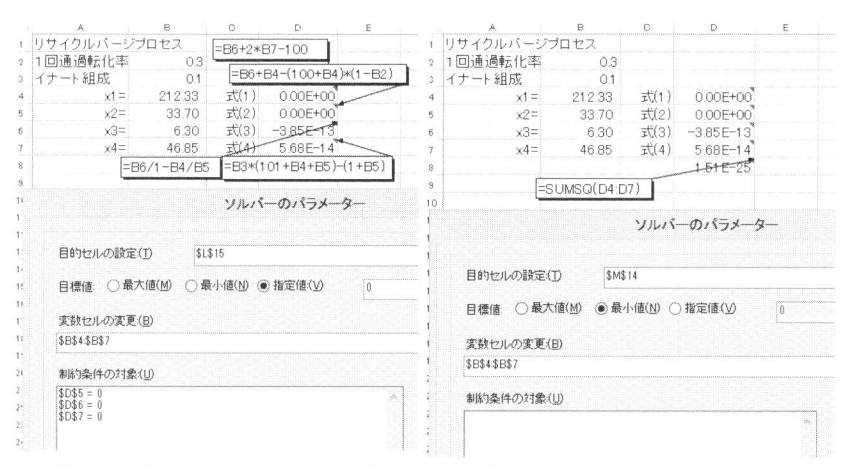

(a) 式の個々の残差を0とする設定　　(b) 各式の残差2乗和を最小値とする設定

図 1.16　ソルバーによる連立方程式解法 〈bce10.xls〉

お，この方法の場合，未知数のオーダー(桁数)が異なると最適解が得にくい点に注意が必要である．このような場合はソルバーの「オプション」で「☑自動サイズ調整」の指定をおこなうとよい．

1.3.5　常微分方程式，連立常微分方程式
####　　　——VBA による常微分方程式解法シート——

化学工学におけるモデル式の多くは微分方程式である．微分方程式が1階の $\dfrac{dy}{dx}=y'=f(x,y)$ という形式(正規形)で，初期値 $y(x_0)=y_0$ が与えられれば，初期値から出発して数値積分ができる．この数値積分の手法としてはRunge-Kutta 法が標準的である．また，多階の常微分方程式は1階の正規形微分方程式の連立式に書き直せる．このような正規形の連立常微分方程式も，初期値がすべて与えられていればRunge-Kutta 法により解くことができる．

本書では正規形の連立常微分方程式の初期値問題を解くために，Runge-Kutta 法 VBA プログラムを組み込んだ「**常微分方程式解法シート**」[*3]を提供する．プログラム中の変数とシート上のセルの値を適宜入出力することで，式，定数をプログラム中に書く必要はないようにした．微分方程式はシート上にセル座標で記述する形式なので，シート上の式のみ書き替えれば各種の常微分方程式の数値解を求めることができる．この Excel シートの使い方を例題で示す．

【例題1.16】　逐次反応〈bce12.xls〉

反応物 A が R を経て S になる簡単な逐次反応：
$$\left.\begin{array}{l}A \longrightarrow R \quad r_1=k_1c_A \\ R \longrightarrow S \quad r_2=k_2c_R\end{array}\right\}$$
では，各成分の濃度を表す連立常微分方程式が次のように書ける．

$$\dfrac{dc_A}{dt}=-k_1c_A \qquad (1)$$

$$\dfrac{dc_R}{dt}=k_1c_A-k_2c_R \qquad (2)$$

$$\dfrac{dc_S}{dt}=k_2c_R \qquad (3)$$

＊3　固定刻みの Runge-Kutta 法(RK)によるシートと，精度を上げるため可変刻みのRunge-Kutta-Fehlberg 法(RKF)によるものの2種類を提供している．

ここで，c_i は各成分の濃度，r は反応速度，k_1, k_2 は反応速度定数である．$k_1=1.0$, $k_2=0.5$, 初期濃度を $c_A=1$, $c_R=0$, $c_S=0$ として濃度の時間変化を示せ．

（解） 図 1.17 が「常微分方程式解法シート (RKF)」である．定数を G2：G3 に，上式を B5：D5 に記述する．このとき変数値は上のセル B3：C3 を指定する．積分区間・区間分割数，初期値 (B12：D12) を設定し，ボタンクリックで積分を実行する．図 1.17 中のグラフに各成分の濃度変化の様子を示す．

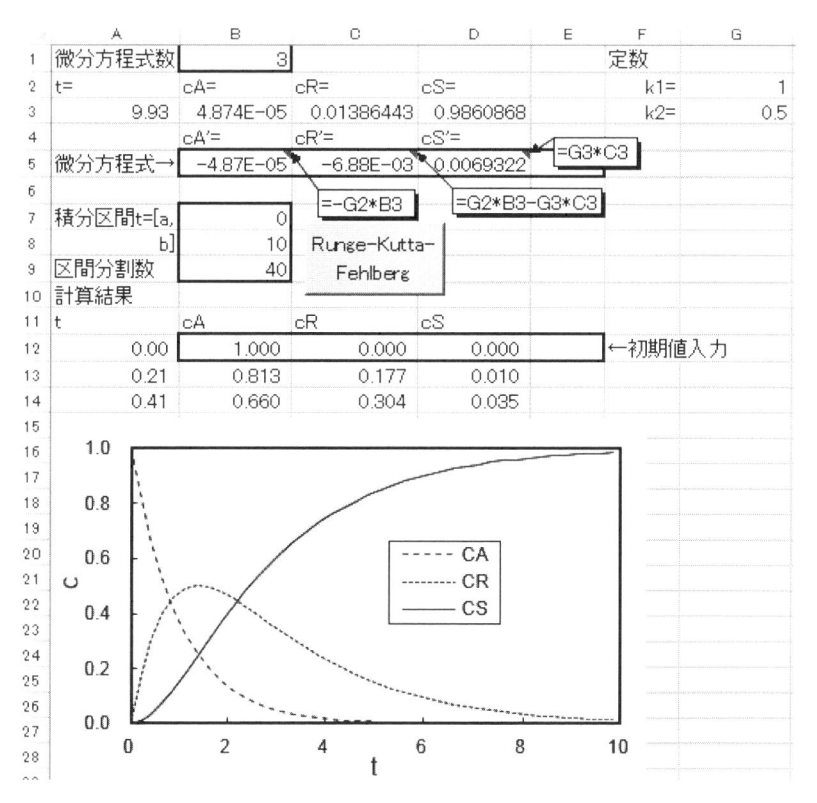

図 1.17　常微分方程式解法シートによる連立常微分方程式の解法〈bce12.xls〉

【例題 1.17】 シュレーディンガー方程式 〈bce13.xls〉

量子化学の基礎式,シュレーディンガー方程式は波動関数 ϕ に関する 2 階の常微分方程式である[1, p.263](定常状態.左辺の定数 $2m/h^2$ は 1 とする).

$$\frac{d^2\phi}{dx^2} = (V-E)\phi$$

E が固有値であり,波動関数の解は固有値 E のとびとびの値で存在する.V に井戸型ポテンシャル:$V = \begin{cases} 0(|x| \leq 4) \\ 5(|x| > 4) \end{cases}$

を考えて解け.

(解) 常微分方程式解法シート(RK)を用いる(図 1.18).ここでは固定刻みの Runge-Kutta 法(RK)を使用する.$y=\phi$,$z=\phi'$ と置き,基礎式を

$$\begin{cases} y' = z \\ z' = (V-E)y \end{cases}$$

の正規形の連立常微分方程式として解く.

ポテンシャル関数 V を x(**A3**)の関数として **G2** に設定する.**B5:C5** に微分方程式を書き,固有値 E の初期値を設定して積分する.基底状態と第 2,4…,励起では初期値を $y=1$,$z=0$,第 1,3,…,励起では初期値を $y=0$,$z=1$ とする.積分を試行して,$x>4$ で関数が発散しない E の値が解である.

1.3.6 偏微分方程式:シート上の差分解法

偏微分方程式は解析的にはフーリエ級数解法やラプラス変換法で解かれるが,基礎的なものならば Excel シート上の差分解法で近似的な数値解法が可能である.ここでは 1 例のみ示し,以降本書では偏微分方程式は取り扱わないが,物質移動論の教科書[6]では多くの解法例が示されているので参照されたい.

1 次元非定常拡散では拡散成分濃度 c_A[mol/m^3]に関する時間 t と位置 y に関する偏微分方程式が次式である.

$$\frac{\partial c_A}{\partial t} = D_{AB}\frac{\partial^2 c_A}{\partial y^2} \tag{1.10}$$

この 1 次元非定常拡散の基礎式は境界条件により多くの伝熱や物質移動現象の

1.3 Excelによる方程式解法

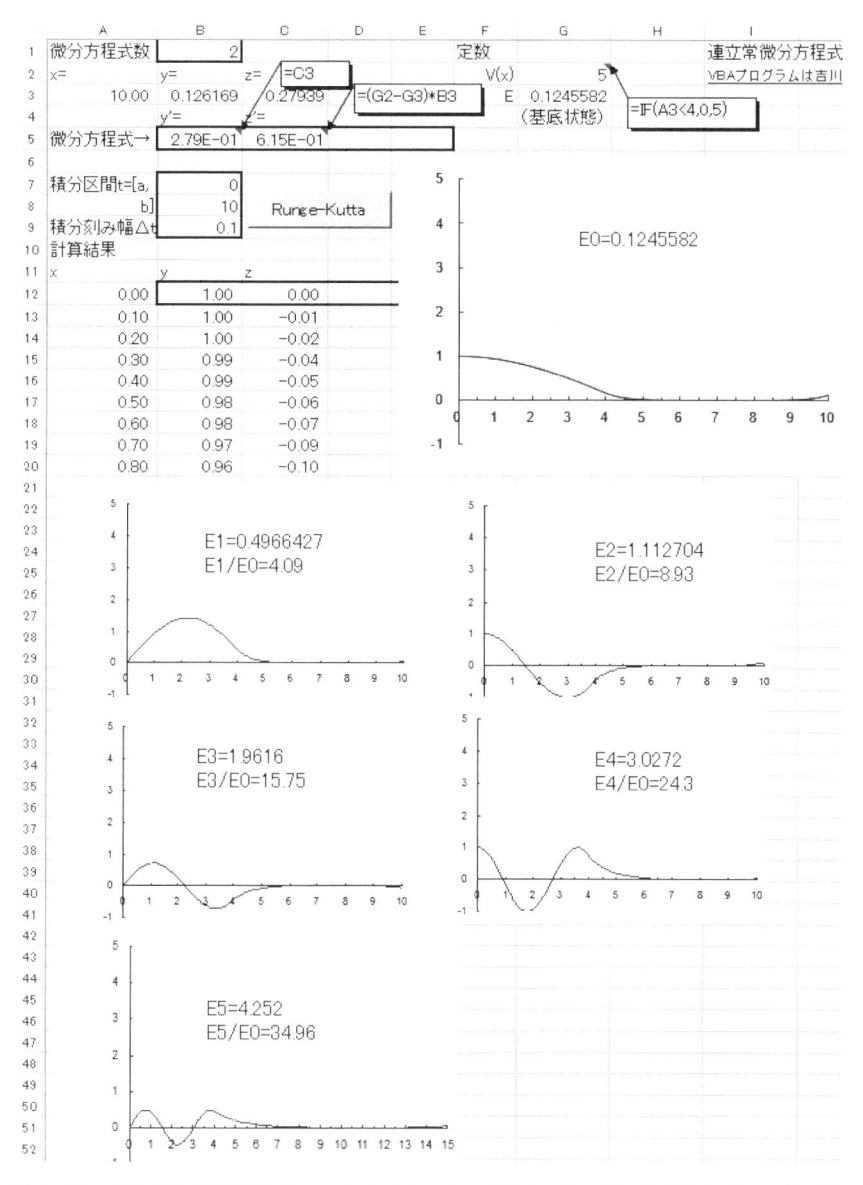

図 1.18 常微分方程式解法シートによるシュレーディンガー方程式の解法 〈bce13.xls〉

モデルとなる[6]．この基礎式の差分法による解法をおこなう．整数 p, n により時間を $t=p\Delta t$, 位置を $y=n\Delta y$ で区切り，c_n^p を数値解における濃度(節点値)とする．これより式(1.10)の各項は以下のように差分化される．

$$\frac{\partial^2 c_A}{\partial y^2} \approx \frac{\left.\frac{\partial c_A}{\partial y}\right|_{y+\Delta y} - \left.\frac{\partial c_A}{\partial y}\right|_y}{\Delta y} \approx \frac{(c_{n+1}^p - c_n^p) - (c_n^p - c_{n-1}^p)}{(\Delta y)^2}$$

$$= \frac{c_{n+1}^p + c_{n-1}^p - 2c_n^p}{(\Delta y)^2}$$

$$\frac{\partial c_A}{\partial t} \approx \frac{c_n^{p+1} - c_n^p}{\Delta t} \tag{1.11}$$

これより，差分化された基礎式が次式となる．

$$c_n^{p+1} = \Theta_x(c_{n+1}^p + c_{n-1}^p) + (1 - 2\Theta_x)c_n^p \quad \left(\Theta = \frac{D_{AB}\Delta t}{(\Delta y)^2}\right) \tag{1.12}$$

【例題 1.18】 点原からの拡散 〈bce14.xls〉

1次元拡散で，はじめに点状に拡散物質があり，両側に濃度拡散する現象を解析する．拡散断面は $A=1\,\mathrm{m} \times 1\,\mathrm{m} = 1.0\,\mathrm{m}^2$ である．成分濃度 $c_A[\mathrm{mol/m^3}]$ とし，成分の全量を $M=2500\,\mathrm{mol}$ とする．拡散係数 $D_{AB}=1.0\,\mathrm{m^2/s}$，時間 t [s]，点源からの距離 $y[\mathrm{m}]$，差分の区間幅 $\Delta y=2.5\,\mathrm{m}$，時間差分 $\Delta t=2.5\,\mathrm{s}$ とする．

(解) 図1.19のシートで列方向が y 位置，行方向が t 時間である．7行に $t=0$ における濃度の初期値を書く．$n=20$ セルのみ濃度 $c_A=1000$ とすることで問題の初期条件となる．8行に差分式を書く．両端のセルは左右に偏った公式による(詳細省略)．8行を下にコピーすることで数値解となる．この問題の解析解は次式：

$$c_A = \frac{(M/A)}{\sqrt{4\pi D_{AB}t}} \exp\left(-\frac{y^2}{4D_{AB}t}\right)$$

である(ガウス分布曲線，正規分布である)．図1.20中に比較した．

M	N	O	P	Q	R	S	T	U	V	W	X	Y	Z	AA	AB	AC	AD	AE	AF
11	12	13	14	15	16	17	18	19	20	21	22	23	24	25	26	27	28	29	30
27.5	30.0	32.5	35.0	37.5	40.0	42.5	45.0	47.5	50.0	52.5	55.0	57.5	60.0	62.5	65.0	67.5	70.0	72.5	75.0
											→ 位置 y								
0	0	0	0	0	0	0	0	0	1000	0	0	0	0	0	0	0	0	0	0
0	0	0	↓ 時間 t			0	0	400	200	400	0	0	0	0	0	0	0	0	0
0	0	0				0	160	160	360	160	160	0	0	0	0	0	0	0	0
0	0	0	0	0	0	64	96	240	=D2*(V7+T7)+(1-2*D2)*U7		96	64	0	0	0	0	0	0	0
0	0	0	0	0	26	51	141	141			141	141	51	26	0	0	0	0	0
0	0	0	0	10	26	77	115	182	180	182	115	77	26	10	0	0	0	0	0
0	0	4	12	40	72	127	154	182	154	182	127	72	40	12	4	0	0	0	0
0	0	2	6	20	42	81	116	154	160	154	116	81	42	20	6	2	0	0	0
0	1	3	10	23	49	79	117	141	155	141	117	79	49	23	10	3	1	0	0
0	1	5	12	28	51	82	112	137	144	137	112	82	51	28	12	5	1	0	0

図 1.19 差分法による偏微分方程式の数値解法〈bce14.xls〉

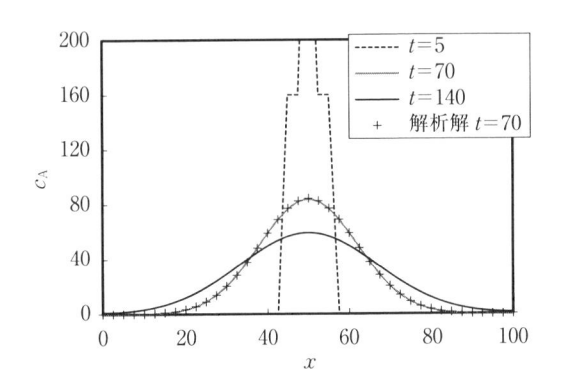

図 1.20 拡散過程シミュレーション

演 習 問 題

【1.1】 質量 400 t $(m=400\times10^3 \text{ kg})$ のジャンボジェット機は離陸時に $\Delta t=16$ s で $L=640$ m を走り,時速 300 km $(v=80 \text{ m/s})$ まで加速する.以下の量を求めよ.
(1) 加速度 $a[\text{m/s}^2]$ $(a=v/\Delta t)$
(2) この離陸時の力(推力)$F(=ma)[\text{N}]$
(3) 離陸に要したエネルギー $E(=FL)[\text{J}]$
(4) 仕事率 $W(=E/\Delta t)[\text{W}]$

【1.2】 ひとが 10 kg の荷物を 0.5 秒間に 1.5 m 持ち上げて肩に担ぐ.この動作の力,エネルギー,仕事率を求めよ.

【1.3】「k(キロ)」は 1000 の意味の接頭語であり，単位ではないのだが，単位を省略して「キロ」で数値をいわれることが多い．以下のキロにつき単位を正しく書け．
「東京まで 500 キロ」，「200 キロは出しすぎ」，「80 キロ越えた」，「2.5 キロは高すぎ」，「50 キロとは強い」

【1.4】 天気予報など気象ではミリ，センチ，メートル，キロが決まった意味で出てくるが，以下を正しく書け．
「雨は 6 ミリ」，「雪は 6 センチ」，「風は 39.1 メートル」，「台風は 25 キロ」

【1.5】 管内を流れる流体の摩擦による圧力損失の式は
$$\Delta p = 2fL\rho v^2$$
である．ここで，Δp＝圧力損失(単位は圧力)，L＝管長さ，ρ＝流体密度，v＝流速，D＝管径である．SI では摩擦係数 f の単位は何か．

【1.6】 ヒトが食物から摂取する栄養の熱量は 1 日あたりおよそ 3000 kcal である．この熱は人体の発する熱として外部に出るが，それは 100 W 電球何個分か．

【1.7】 卓上カセットコンロの火力表示に「3.5 kW／3000 kcal/h」とある．これを確認せよ．

【1.8】 あるガス井戸の天然ガス生産量が 5 Mscfd と記載されている．このガス生産量(ガス流量)をモル流量[mol/s]に換算せよ．ここで，s：standard(標準状態(0℃，1 気圧)でのガスの体積の意味)，c：cubic，f：feet，d：day，cfd：[ft^3/day] である．

【1.9】 多孔質膜の水透過流束 $J(=$ (透過水量)/(膜面積)/(時間)$)$ は差圧 Δp に比例し，水の粘度 μ に反比例する．ある膜の透過流束が式(a)で表せたとき，各変数の単位を変更した式(b)の係数 k を求めよ．

$$J\left[\frac{\text{mL}}{\text{cm}^2 \cdot \text{min}}\right] = 50.0 \frac{\Delta p[\text{atm}]}{\mu[\text{cP}]} \tag{a}$$

$$J'\left[\frac{\text{kg}}{\text{m}^2 \cdot \text{h}}\right] = k\frac{\Delta p'[\text{MPa}]}{\mu'[\text{Pa} \cdot \text{s}]} \tag{b}$$

(接頭語 m，c，M に注意)(粘度の単位は[P]≡[g/(cm·s)]，[Pa·s]≡[kg/(m·s)])

【1.10】 CO_2 のモル容積 $\widehat{V}$[dm^3/mol]と圧力 p[atm]，温度 T[K]の関係をこれらの単位によるファンデルワールス式で表すと

$$\left(p + \frac{3.61}{\widehat{V}^2}\right)(\widehat{V} - 4.29 \times 10^{-2}) = 0.08206 T$$

である[1, p.A37]．変数の単位をモル容積 $\widehat{V}'$[m^3/mol]，圧力 p'[MPa]としたときはこの式はどうなるか．

2 プロセスの物質収支

2.1 プロセス物質収支の基礎
2.1.1 プロセス物質収支解析の方法

物質収支(material balance, mass balance)が化学プロセスを理解・解析する基礎である．また，プロセスにおける物質およびエネルギーの収支がとれることこそ，他の機械，電気技術者と異なる化学技術者に特有の技術・技能である．収支を考える場面はミクロからマクロまで普遍的であり，多くはモデル的考察も必要であり，簡単なことではない．それゆえ収支計算のできるケミカルエンジニアの活動分野が，生産プロセスから地球規模の環境問題までひろがっているのである．

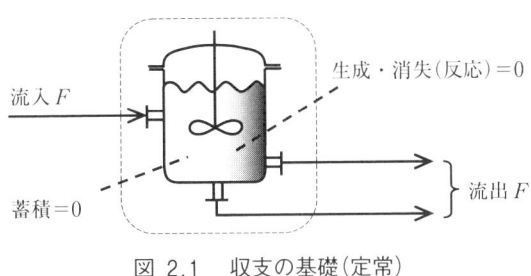

図 2.1 収支の基礎(定常)

物質，エネルギー，運動量を問わず，ある系における収支の基礎式は次式である．

(系内部の蓄積量) = (流入量) − (流出量) ± (系内部での生成・消失量)
(2.1)

これはマクロ(自然界，プロセス)からミクロ(流れ場の局所)まで成り立つ原理である．局所のミクロな収支を時間と位置で偏微分したものが移動論の基礎

式[6]である．

　化学プロセスは基本的に連続操作であるので，物質・エネルギー収支の多くは定常流通操作を想定している．その定常状態では系内の蓄積量は0なので，系内の生成・消失がない場合に次式となる．

$$（流入量）=（流出量） \tag{2.2}$$

なお，問題中に $F=100$ kmol のように記される物質量は，多くは流量 ($F=100$ kmol/h) の略記である．

　プロセスの物質収支計算は流量（流量計），濃度・組成（分析値）からプロセス各部・各成分の流れの状態を推定するものである．基本は簡単な代数ではあるが，多変数の連立方程式の解法問題に帰着する．プロセスの物質収支計算は一般に以下のような手順でおこなう．

　（準備）　プロセスの簡単なフローシートを描いて，未知流れに $x_1, x_2, x_3 \cdots$ と未知数を割り当てる．

　（必要なら）計算基準(Base)を決める．

① 全物質収支式をつくる．
② 各成分収支式をつくる（全物質収支をとったら（成分数−1）個）．
③ 他の制約条件を加える．
④ （未知数の数）=（式の数）の確認．連立方程式を解く（Excelなど計算の道具を使う）．

以上の手順を以下の例題で繰り返し示す．なお，物質収支問題を解くにあたっては，組成，濃度を未知数としがちなのであるが，本書のように各成分の流量を未知数として定式化することを推奨する（このことを現場で思い出してほしい）．

2.1.2　混合物の組成

　プロセス中の各成分は濃度で示されるので，混合物の組成・濃度に関する注意点を列記する．

・「分率(Fraction)［−］」と「百分率(percent)［mol％］［vol％］」を区別する．
・「重量百分率［wt％］」より「質量百分率［mass％］」を使うことが推奨される．
・気体は（体積分率）=（分圧）/（全圧）=（モル分率）である．
・ppm (part per million, $1/10^6$)，ppb (part per billion, $1/10^9$) の定義を再確認す

る．これらは％と同様に単に分数を表しているだけなので，気体については[分圧 / 全圧]すなわち体積分率，液体については[溶質-kg/ 溶媒-kg]すなわち重量(質量)分率を表している．特別に，水に溶解している物質については(水中の物質の質量(mg))/(水 1 L) が ppm と理解されている．

・2 成分系(1,2)混合物のモル分率 x と質量分率 ω の定義と換算式は次式である(添え字がない場合は第 1 成分の値)(M_i は分子量).

$$\omega = \frac{M_1 x}{M_1 x + M_2 (1-x)} \tag{2.3}$$

$$x = \frac{M_2 \omega}{M_1 + (M_2 - M_1)\omega} = \left(\frac{(1-\omega)M_1}{\omega M_2} + 1\right)^{-1} \tag{2.4}$$

【例題 2.1】 空気のモル質量

大気の標準組成は O_2 20.99％，N_2 78.04％，CO_2 0.03％，および Ar 0.94％である．気体なのでこの％は体積百分率およびモル百分率である．空気のモル質量(平均分子量)と標準状態における密度を求めよ．

(解) 大気圧，常温の気体は理想気体とみなせるので 1 mol の空気中の各成分量は下表である．

計算基準：空気 1 mol

成　分	物質量[mol]	分子量(モル質量) [g/mol]	質量[g]
O_2	0.2099	31.998	6.716
N_2	0.7804	28.013	21.861
CO_2	0.0003	44.009	0.013
Ar	0.0094	39.948	0.376
計	1.0		28.966

よって空気の平均分子量，平均モル質量は $M = 28.966$ g/mol である．なお，燃焼などの化工計算では大気を O_2 21％，不活性気体 79％の組成の混合気体，平均モル質量 29 g/mol として扱う．また，空気の密度は次式である．

$$\rho = \frac{\overline{M}}{V_m} = \frac{28.966 \text{ g/mol}}{22.414 \text{ L/mol}} = 1.2922 \frac{\text{g}}{\text{L}} = 1.2922 \frac{\text{kg}}{\text{m}^3} \approx 1.3 \frac{\text{kg}}{\text{m}^3}$$

【例題 2.2】 お酒のアルコール濃度表示

お酒のアルコール(エタノール)濃度は「酒精度」という特殊な容積百分率で表される．酒精度の定義は「混合液 100 容積から得られる純アルコールの容積」である．5.5%と表示されているビール中のアルコールのモル分率はいくらか．このビールの密度は 0.991 g/cm³，エタノール(分子量 46.07 g/mol，密度 0.798 g/cm³)，水(分子量 18.02 g/mol，密度 1.00 g/cm³)である．

（解） 計算基準を 760 cm³ 容積のビールとすると酒精度の定義から，エタノールの容積は 760×0.055＝41.8 cm³ である．これは，41.8(0.798 g/cm³) cm³＝33.35 g＝0.724 mol．はじめのビールの質量からこれを引いたのが水の質量：

$$760 \times 0.991 - 33.35 = 719.81 \text{ g} = 39.94 \text{ mol}$$

である．よってモル分率は 0.724/(0.724＋39.94)＝0.0178 モル分率＝1.78 mol%．なお，純エタノール，純水としての容積は各々 41.79 cm³，719.81 cm³ で合計 761.6 cm³ である．これは混合物より大きく，水とエタノールは混合により容積が減少する．混合前の純成分におけるエタノール体積分率は 5.487 vol% となり，酒精度表示と 2.5%ほど異なる．

2.1.3 混合・分離の物質収支

化学プロセスの多くの単位操作機器は原料と製品混合物の濃度を変える機能を果たしている．1段の単位操作では機器まわりの物質収支をとることが解析の基本である．

【例題 2.3】 蒸留――3 成分 1 塔――〈bce16.xls〉

酢酸 80%，水 20%の溶液から酢酸を分離するために，これにベンゼンを加えて 3 成分として連続蒸留塔で分離する(図 2.2)．塔底から酢酸のみが得られ，塔頂からは酢酸 10.9%，水 21.7%，ベンゼン 67.4%の混合液が得られた．水溶液 1 kmol に加えたベンゼンの量を求めよ．

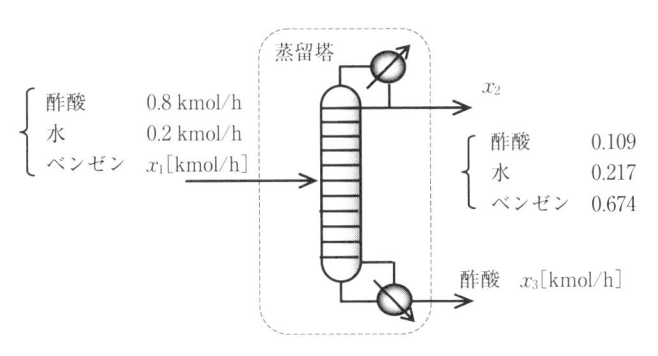

2.1 プロセス物質収支の基礎   39

図 2.2 3成分蒸留塔

（解） 計算基準：酢酸水溶液 1.0 kmol/h
① 全体の収支：$1+x_1=x_2+x_3$ (1)
② 各成分の収支(3−1個)：酢酸 $0.8=0.109x_2+x_3$ (2)
         ベンゼン $x_1=0.674x_2$ (3)
④ 以上の3元1次連立方程式を解く．$x_1=0.621$，$x_2=0.922$，$x_3=0.700$．加えたベンゼンは 0.621 kmol．

【例題2.4】 製品配合割合の決定[2, p.220] 〈bce16.xls〉

あるポリマーが図2.3の化学式で表せる3成分の混合物である．図に示した組成(質量百分率)の異なる3つの原料を x_1，x_2，x_3 [kg]混合して，図中の決められた組成の製品100 kgを得るにはどうするか．

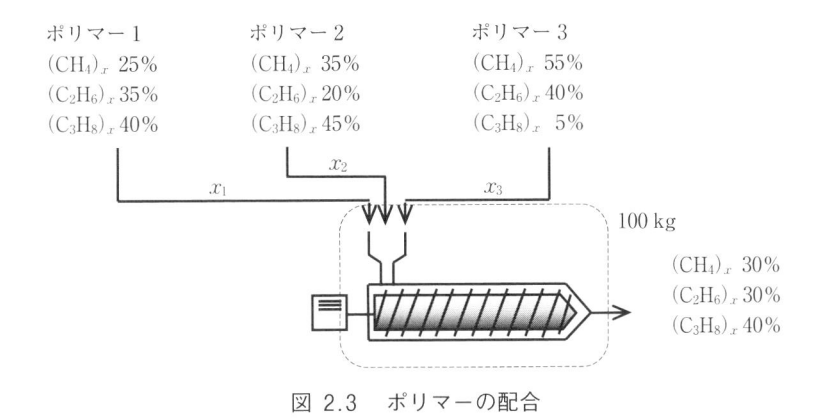

図 2.3 ポリマーの配合

(解) 計算基準：製品 100 kg
① 全体の収支：$x_1+x_2+x_3=100$ (1)
② 各成分の収支(3−1 個)：
$(CH_4)_x$：$0.25x_1+0.35x_2+0.55x_3=0.30\times100$ (2)
$(C_2H_6)_x$：$0.35x_1+0.20x_2+0.40x_3=0.30\times100$ (3)
④ 以上の 3 元連立 1 次方程式を解く．$x_1=60$, $x_2=35$, $x_3=5$ kg である．

2.1.4 相平衡を含む装置の物質収支

分離操作・装置では相平衡が物質収支問題の制約条件③として加わる．溶解度を含む晶析プロセスと気液平衡を含むフラッシュ蒸留プロセスの物質収支問題を考える．

【例題 2.5】 晶析 〈bce16.xls〉

硝酸バリウム($Ba(NO_3)_2$)の飽和溶解度は，100℃で 34 g/100 g-水，0℃で 5.0 g/100 g-水である．100 g の硝酸バリウムの100℃の飽和水溶液をつくる水量(x_4)を求めよ．この溶液を 0℃に冷却するとき硝酸バリウムの析出量(x_2)はいくらか

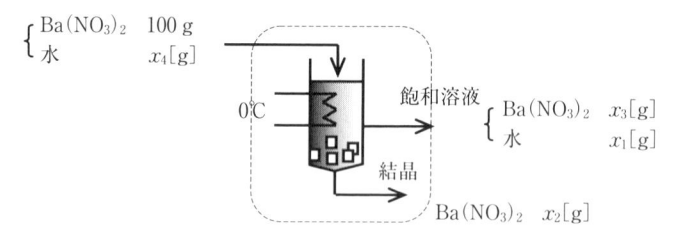

図 2.4 晶析プロセスの物質収支

(解) プロセスは図 2.4 のようであり，図中のように未知数を割り当てる．
① 全体の収支：$x_4+100=x_1+x_2+x_3$ (1)
② 各成分の収支(2−1 個)：(水について) $x_4=x_1$ (2)
③ (他の制約条件)溶解度の条件より：$100/x_4=34/100$ → $x_4=294.1$ (3)
$x_3/x_1=5/100$ → $20x_3=x_1$ (4)

2.1 プロセス物質収支の基礎　41

④ 以上の連立方程式を解く．$x_1=294.1$, $x_2=85.3$, $x_3=14.7$, $x_4=294.1$ g と求められる．

【例題 2.6】　フラッシュ蒸留〈bce18.xls〉

50 mol%メタノール水溶液 1.0 kmol/h を加熱してフラッシュ蒸留をおこなう．留出液量を原液の 20%とするとき，留出液濃度を求めよ．メタノール／水の比揮発度は 4.0 とする．

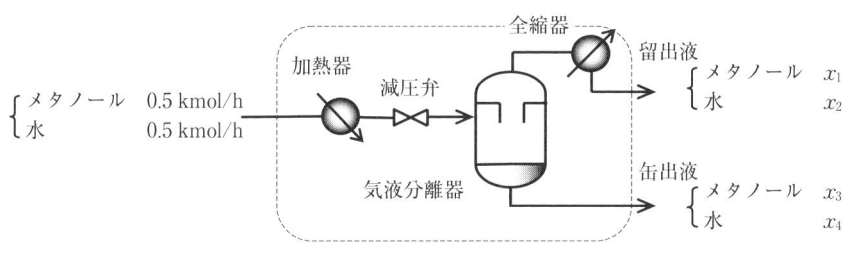

図 2.5　フラッシュ蒸留の物質収支

（解）　留出液，缶出液の各成分流量に図 2.5 のように未知数を割り当てる．
① 全体の収支：$1=x_1+x_2+x_3+x_4$ 　　　　　　　　　　　　　　(1)
② 成分の収支（メタノール）：$0.5=x_1+x_3$ 　　　　　　　　　　(2)
③ 制約条件：留出液量：$x_1+x_2=1.0\times0.2$ 　　　　　　　　　　(3)
　　　　気液平衡（比揮発度）：$\dfrac{(x_1/x_2)}{(x_3/x_4)}=4.0$ 　　　　　(4)

④ 以上の非線形連立方程式をソルバーで解く（図 2.6 参照）．解は $x_1=0.152$, $x_2=0.049$, $x_3=0347$, $x_4=0.45$ kmol/h となる．

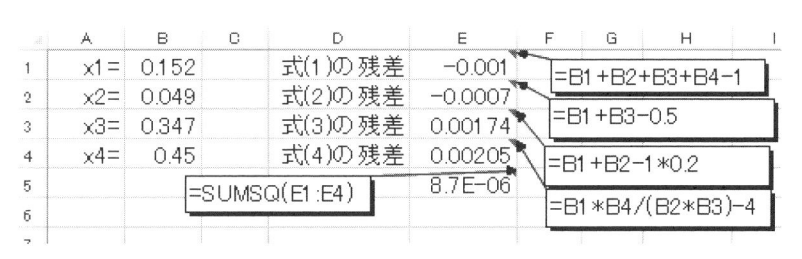

図 2.6　フラッシュ蒸留の物質収支（非線形連立方程式の解法）〈bce18.xls〉

2.1.5 複数装置プロセスの物質収支

一般に化学プロセスは多数の装置・機器から構成される．このような複数の装置によるプロセスの物質収支は（全体の収支）→（各成分の収支）の手順を（プロセス全体）→（個々の機器まわり）の順に適用し，未知数の数に対応する方程式ができるまでこれを続ける．

【例題 2.7】　分離プロセスの物質収支〈bce42.xls〉

図 2.7 は空気中のアセトン蒸気を吸収と蒸留により回収するプロセスである．プロセス中の各濃度（質量分率）が図中のように測定されているとき，流量 $x_1 \sim x_5$ [kg/h] を求めよ．

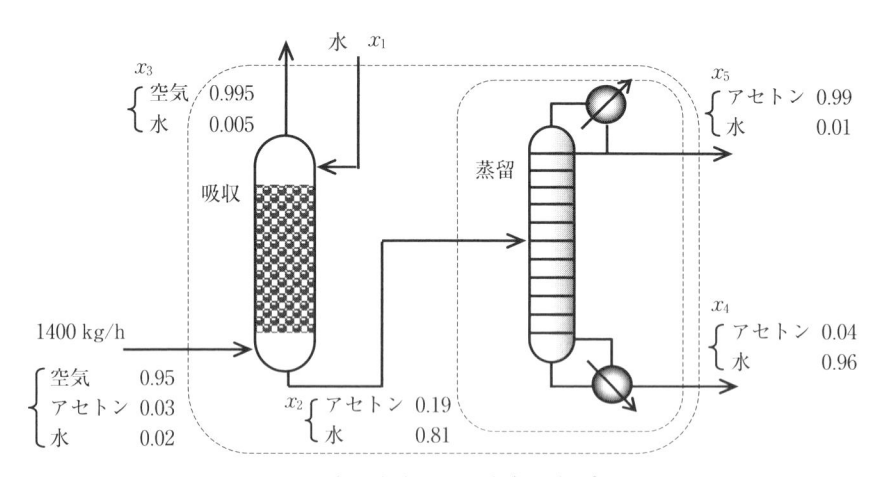

図 2.7　吸収と蒸留による蒸気回収プロセス

（解）　物質収支式は以下のようである．

プロセス全体の収支（3 成分）：

① 全成分について：$1400 + x_1 = x_3 + x_4 + x_5$　　　　　　　　　　　　　(1)

② 空気：$1400 \times 0.95 = 0.995 x_3$　　　　　　　　　　　　　　　　　　(2)

　　アセトン：$1400 \times 0.03 = 0.99 x_5 + 0.04 x_4$　　　　　　　　　　　(3)

蒸留塔まわりの収支（2 成分）：

① 全成分：$x_2 = x_4 + x_5$　　　　　　　　　　　　　　　　　　　　　　(4)

② 水：$0.81x_2 = 0.96x_4 + 0.01x_5$ (5)

以上5つの未知数の連立1次方程式を解く．解は，$x_1=157.7$，$x_2=221.1$，$x_3=1336.7$，$x_4=186.1$，$x_5=34.9$ kg/h となる．

【例題2.8】 蒸留プロセスの物質収支（4成分3塔）〈bce16.xls〉

メタノールプロセスの蒸留工程では図2.8のような組成の粗製メタノール（水，メタノール，高級アルコール（1成分として扱う），低沸点成分（1成分として扱う））を3つの蒸留塔で精製する．各塔は適当な還流比で運転することにより，次の分離をおこなう．

第1塔：塔頂より低沸点成分を分離．その際，メタノールが同伴され，この塔頂留出液の組成はメタノール0.993，低沸点成分0.007．

第2塔，第3塔：各成分を完全分離．

原料を流量1.0 kmol/hで送入した場合，図中の未知流量x_1〜x_4[kmol/h]を求めよ．

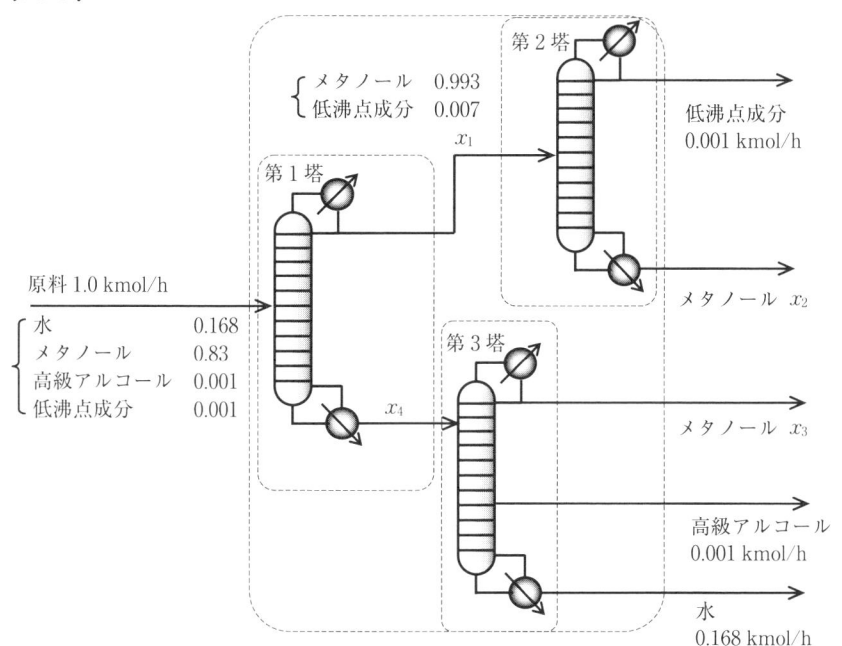

図 2.8 3塔の蒸留塔による分離プロセス

（解）　基準：原料(粗製メタノール)水溶液 1.0 kmol/h
① 全体の収支：$0.168 + 0.83 = x_2 + x_3 + 0.168$　　　　　　　　　　(1)
② 各成分の収支：(メタノールについて式(1)と同じ)
③ サブシステムの収支：第1塔収支　$0.168 + 0.83 = x_1 + x_4$　　　(2)
　　　　　　　　　　　　第3塔収支　$x_4 = x_3 + 0.168 + 0.001$　　　(3)
　　　　　　　　　　　　第2塔収支　$0.007 x_1 = 0.001$　　　　　　　(4)
④ 以上より $x_1 = 0.143$, $x_2 = 0.144$, $x_3 = 0.686$, $x_4 = 0.855$.

【例題2.9】　蒸留プロセスの物質収支(4成分4塔)〈bce17.xls〉

メタノールプロセスの蒸留工程で4つの蒸留塔で各成分を分離する(図2.9)．各塔は適当な還流比で運転することにより，次の分離をおこなう．

　第1塔：塔頂より低沸点成分を分離．その際，メタノールが同伴され，この塔頂留出液の組成はメタノール0.93，低沸点成分0.07．

　第2塔：塔頂よりメタノール，塔底より水を得る．中段より高級アルコールを分離．その際，水，メタノールが同伴されて，この中段留出液の組成は，メ

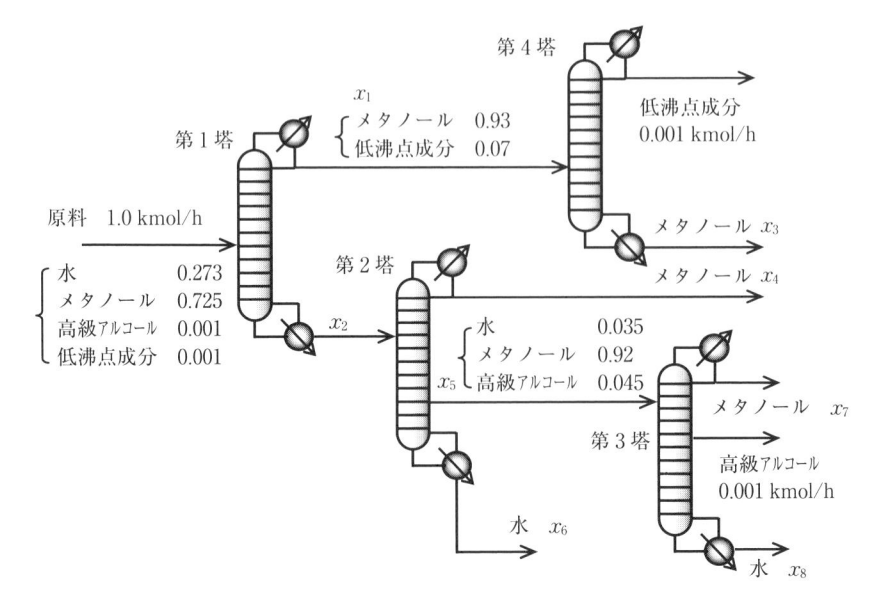

図 2.9　4塔の蒸留塔による分離プロセス

2.1 プロセス物質収支の基礎

タノール 0.92, 水 0.035, 高級アルコール 0.045.

第3塔, 第4塔：各成分を完全分離.

原料を流量 1.0 kmol/h で送入した場合, 図中の未知流量 $x_1 \sim x_8$ [kmol/h] を求めるための連立方程式を書き, これを解け.

（解）　基準：原料流量 1.0 kmol/h

各所の流量を $x_1 \sim x_8$ とする. ただし, 第4塔塔頂, 第3塔中間出口は各々 0.001 である.

② プロセス全体の成分収支：

メタノール：	$x_3 + x_4 + x_7 = 0.725$	(1)
水：	$x_6 + x_8 = 0.273$	(2)

③ 第1塔全収支：

	$x_1 + x_2 = 1$	(3)
第2塔全収支：	$x_2 - x_4 - x_5 - x_6 = 0$	(4)
第3塔メタノール収支：	$0.92 x_5 - x_7 = 0$	(5)
高級アルコール収支：	$0.045 x_5 = 0.001$	(6)
第4塔低沸点成分収支：	$0.07 x_1 = 0.001$	(7)
メタノール収支：	$0.93 x_1 - x_3 = 0$	(8)

	A	B	C	D	E	F	G	H	I	J	K	L	M
1	0	0	1	1	0	0	1	0	x1	=	0.725		
2	0	0	0	0	0	1	0	1	x2		0.273		
3	1	1	0	0	0	0	0	0	x3		1		
4	0	1	0	−1	−1	−1	0	0	x4		0		
5	0	0	0	0	0.92	0	−1	0	x5		0		
6	0	0	0	0	0.045	0	0	0	x6		0.001		
7	0.07	0	0	0	0	0	0	0	x7		0.001		
8	0.93	0	−1	0	0	0	0	0	x8		0		
9													
10	x1	=	0	0	0	0	0	−2E-15	14.286	0	0.725	=	0.0143
11	x2		0	0	1	0	0	2E-15	−14.29	0	0.273		0.9857
12	x3		0	=MINVERSE(A1:H8)	0	0	0	0	=MMULT(C10:J17,K10:K17)	0			0.0133
13	x4		1		0	0	0	−20.44	−13.29	0	0		0.6913
14	x5		0	0	0	0	0	22.222	0	0	0		0.0222
15	x6		−1	0	0	−1	0	−1.778	−1	−1	0.001		0.2722
16	x7		0	0	0	0	−1	20.444	0	0	0.001		0.0204
17	x8		0	0	0	1	0	1.7778	1	0	0		0.0008

図 2.10　8元連立1次方程式の解法 〈bce17.xls〉

以上より未知数8で方程式が8なので，連立方程式として解ける．図2.10 はこれを Excel 上の行列演算関数(MINVERSE()，MMULT())で解いたものである．解はシート上に示す．

2.2 反応・燃焼プロセスの物質収支
2.2.1 化学反応を伴うプロセスの取扱いに関する用語
反応を伴うプロセスでは以下の用語で反応の程度や関係する物質量を定義する．
・量論数(化学量論数, stoichiometric number), $\nu[-]$：反応式中の各成分の量的関係を示す係数．生成物質は正，反応物質は負にとる．反応に関与しない物質はゼロ．例えば，$N_2(g)+3H_2(g) \longrightarrow 2NH_3(g)$ の反応では量論数は各々 $\nu_{N2}=-1$, $\nu_{H2}=-3$, $\nu_{NH3}=2$ である．
・量論係数(化学量論係数)：反応式中の各成分の物質量[mol]を示す係数．常に正の値とする[1, p.210]．
・反応進行度(extent of reaction), ξ(グザイ)[mol]：反応において反応物質の減少量．単位は[mol]である．
・限定反応物質(limiting reactant)：複数の反応物質が量論比で供給されないときに，量論比に比較して最も少なく供給される物質．
・不活性物質，イナート(inert substance)：反応系に入るが，反応には直接関与せず系を出る物質．燃焼用空気に含まれる窒素，反応条件を緩和する目的で原料を希釈する成分がある．
・転化率(conversion)：反応により消失した反応物質の供給量に対する割合．
・収率(yield)：供給した限定反応物質の目的生成物に転化した割合．
・過剰百分率：限定反応物質との反応に必要な理論物質量より過剰に供給された反応物質の割合．

燃焼は燃料と空気による反応プロセスである．燃焼プロセスの計算では特別に，以下の定義・用語を用いる．
・理論空気量，理論酸素量：供給された燃料中の全てのC，H，Sをそれぞれ CO_2，H_2O，SO_2 にするに必要な空気量，酸素量である．その際，空気は N_2 79％，O_2 21％の混合物として取り扱う．N_2 は不活性物質として，そのままプロセスから出る．

・**過剰空気率**：理論空気より過剰に供給される空気量(自動車工学では同様のことを「空燃比」とよぶ).
・**煙道ガス**(flue gas)：燃焼の問題で生成したガス．必ず水蒸気が含まれるが，水蒸気を含む場合を湿り基準，水蒸気を除く場合は乾燥基準とする．

2.2.2　視察による化学反応を伴う物質収支問題の解法

　反応を伴う物質収支問題は，化学種でなく元素の収支をとることで前項と同様に計算される．しかし，転化率がわかっているような簡単な問題では視察(inspection)による解法が有効である．以下の例題で示すように，基準を設定し，反応式に従い各成分の物質量を求める．最後に物質収支図を作成して，「流入＝流出」の条件だけを使って物質収支図を完成するという手順でおこなう．

【例題 2.10】 反応プロセスの物質収支(1)

H_2S をボーキサイト系触媒を用いて空気で部分酸化すると，

$$H_2S + (1/2)O_2 \rightarrow S + H_2O$$

の反応で硫黄が回収される(図 2.11)．Claus 法といい，石油製品の脱硫工程で使われる．日本の硫黄の生産は全てこの回収硫黄である．反応器に H_2S と O_2 が量論比で供給され，H_2S の転化率が 96% のとき反応器出口の各成分割合を求めよ．

（解）　基準：H_2S 100 kmol

反応： H_2S ＋ $(1/2)O_2$ ⟶ S ＋ H_2O （転化率96%）
　　　(96 kmol)　(48)　　　　(96)　　(96)

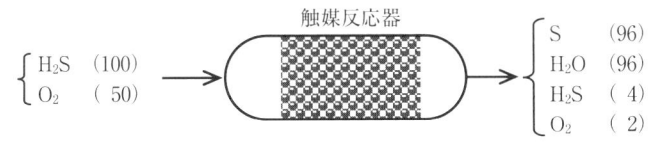

$$\begin{cases} H_2S & (100) \\ O_2 & (\ 50) \end{cases} \rightarrow \boxed{\text{触媒反応器}} \rightarrow \begin{cases} S & (96) \\ H_2O & (96) \\ H_2S & (\ 4) \\ O_2 & (\ 2) \end{cases}$$

図 2.11　物質収支図(1)

【例題 2.11】 反応プロセスの物質収支(2)

アンモニア(NH_3)生成で転化率が 30% であった(図 2.12)．量論比で N_2，H_2

が供給されるとき反応器出口の組成を求めよ．

（解）　基準：N_2 100 kmol

反応：　N_2　+　$3H_2$　⟶　$2NH_3$　　（転化率30%）
　　　　(30)　　(90)　　　　 (60)

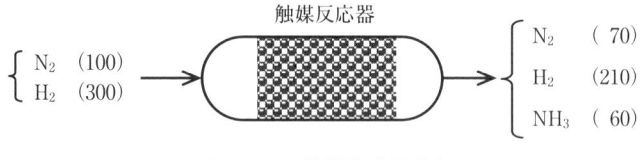

```
          触媒反応器
 { N₂ (100)  ┌──────┐    { N₂  ( 70)
 { H₂ (300) →│░░░░░░│→   { H₂  (210)
            └──────┘     { NH₃ ( 60)
```

図 2.12　物質収支図(2)

【例題 2.12】　燃焼プロセスの物質収支(1)

エタン（C_2H_6）に酸素を混合して 80% C_2H_6，20% O_2 のガスを調整して，これを 200% 過剰空気で燃焼する．C_2H_6 の 80% は CO_2 に，10% は CO となり，10% は未燃焼のまま残る（図 2.13）．排気ガスの組成を求めよ．

（解）　基準：燃料ガス 100 kmol（C_2H_6 80, O_2 20）

理論空気量：理論空気の定義より，

　　　　C_2H_6　+　$(7/2)O_2$　⟶　$2CO_2$　+　$3H_2O$
　　　　(80)　　　　(280)　　　　　(160)　　　　(240)

必要 O_2 量は (280)．燃料ガス中に O_2 がすでに (20) あるので理論 O_2 量は (260)．200% 過剰の定義より，供給 O_2 は (780)．これに伴って流入する N_2 は (2930)．

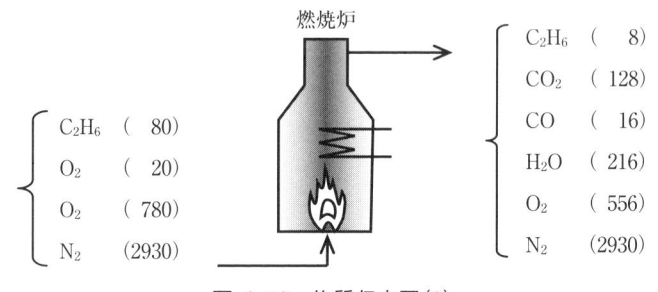

```
              燃焼炉
                          { C₂H₆ (   8)
                          { CO₂  ( 128)
  { C₂H₆ (  80)           { CO   (  16)
  { O₂   (  20) →  ┃  ┃ → { H₂O  ( 216)
  { O₂   ( 780)    ┃🔥┃   { O₂   ( 556)
  { N₂   (2930)             { N₂   (2930)
                    ↑
```

図 2.13　物質収支図(3)

反応：C_2H_6 + (7/2)O_2 ⟶ 2CO_2 + 3H_2O　　(80％)
　　　(64)　　　(224)　　　　(128)　　(192)

　　　C_2H_6 + (5/2)O_2 ⟶ 2CO + 3H_2O　　(10％)
　　　(8)　　　　(20)　　　　(16)　　(24)

【例題 2.13】 燃焼プロセスの物質収支(2)

C，H_2 からなる燃料油を燃焼し，CO_2 13.4％，O_2 3.6％，N_2 83.0％の組成の燃焼ガスを得た(図 2.14)．燃料油 100 kg あたり生成する乾き燃焼ガスの物質量[kmol]を求めよ．

(解)　基準：乾き煙道ガス 100 kmol
反応：C　 + 　O_2　 ⟶ 　　　 CO_2　　(100％)　　　　　　(1)
　　 (13.4)　(13.4)　　　　　(④ 13.4)

　　　H_2　+ 　(1/2)O_2　⟶ 　H_2O　　(100％)　　　　　　(2)
　　 (10)　 (⑤ 22−13.4−3.6＝5) (⑥ 10)

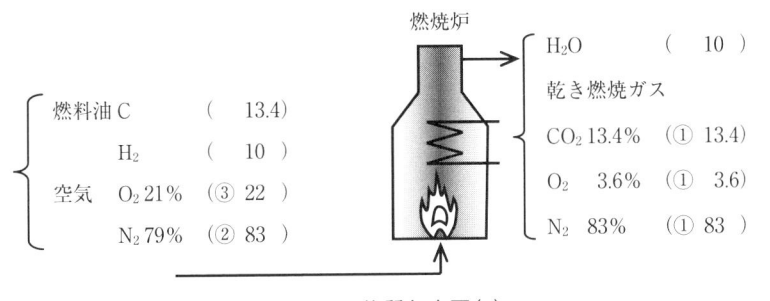

　　　　　　　　　　　　　燃焼炉
　　　　　　　　　　　　　　　　　　H_2O　　　(10)
　　　　　　　　　　　　　　　　　　乾き燃焼ガス
　　燃料油 C　　(13.4)　　　　　　CO_2 13.4％　(① 13.4)
　　　　　H_2　　(10)
　　空気　O_2 21％　(③ 22)　　　　O_2　3.6％　(① 3.6)
　　　　　N_2 79％　(② 83)　　　　N_2　83％　(① 83)

図 2.14　物質収支図(4)

まず基準を乾き煙道ガス 100 kmol とする．燃焼ガスの組成より①が得られる．この N_2 量から②となる．すると同伴 O_2 量は③である．これより反応(1)の量は CO_2 の量から得られる(④)．O_2 の収支から反応(2)の量⑤が求められ，⑥が得られる．以上で物質収支図が完成する．C(13.4)kmol は(160.8)kg，H_2(10)kmol は(20)kg，合計(180.8)kg なので，燃料油 100 kg あたりの乾き燃焼ガスは(55.3)kmol となる．

2.3 リサイクルとパージのあるプロセスの物質収支
2.3.1 化学プロセスにおけるリサイクルとパージ

「リサイクル」はモノの循環を表す一般的用語であり，廃棄物の有効利用や，自然環境での物質循環まで用いられる．しかし，化学プロセスではリサイクルを特別な用語として用いる．化学プロセスの多くは気相反応を伴う．普通，気相反応操作は平衡反応なので転化率が100%ではない．このため反応器出口で未反応ガスを再び反応器入口に戻す操作がおこなわれる．これが化学プロセスにおけるリサイクル操作である．また，リサイクル操作に伴い原料中の不活性成分のプロセス内での蓄積の問題が生じ，パージ操作が必要となる．

例えばアンモニア合成プロセスでは，$N_2 : H_2 = 1 : 3$の混合ガスを触媒層を高温・高圧下で通してアンモニア合成：

$$N_2 + 3H_2 \longrightarrow 2NH_3$$

をおこなう(図2.15)．この反応は平衡反応なので実際の平衡転化率は数10%程度にすぎない．そこで合成塔からの反応後のガスを冷却して，生成したアンモニアを凝縮させて捕集し，未反応の窒素と水素はリサイクルガスとして再び合成塔に戻される．この場合，空気を原料として得られる窒素中には通常1%

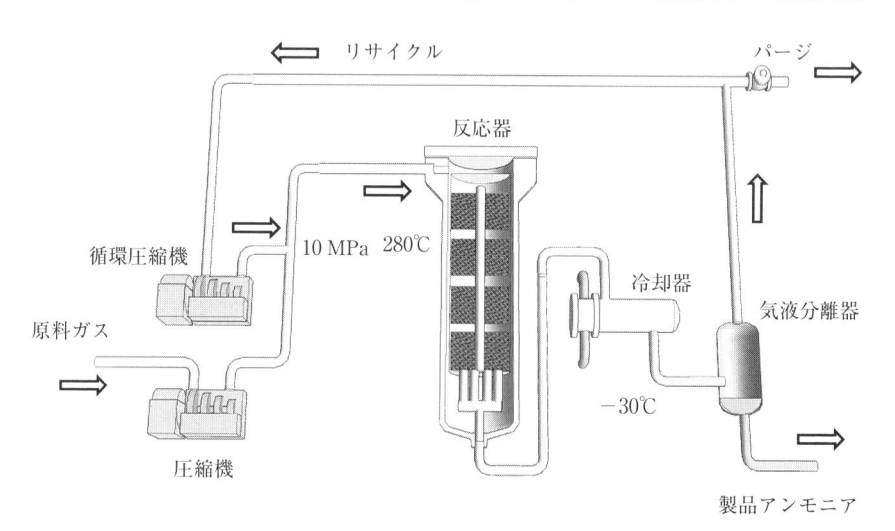

図 2.15　アンモニアプロセス

弱のアルゴンが含まれている．反応系から生成物のみ除去すれば，系内にアルゴンが蓄積する．その量が限度を越えると目的の反応を阻害する可能性があり，また，循環圧縮操作のエネルギーが無駄である．このためリサイクルガスの一部を系から除いて不活性ガスの蓄積を防止する必要がある．これがリサイクルプロセスに伴うパージ操作である．パージされるガスはバルブ操作で放出されるリサイクルガスの一部なので，組成はリサイクルガスに同じである．定常状態では，系に入る原料中の不活性ガス流量とパージガスにより系から去る不活性ガス流量は等しい．また，パージガス中に未反応の原料ガスが含まれているため，パージ操作をおこなうとプロセスの総括収率は 1.0 以下となる．

2.3.2 分離プロセスのリサイクル操作

リサイクル操作は反応のない分離プロセスでもおこなわれる．リサイクル操作の物質収支は，まず全体で収支をとり，次いで分離装置まわりでとられる．

【例題 2.14】 晶析操作のリサイクル

海水から塩 (NaCl) 結晶を蒸発操作で得る．蒸発器で水を除去し，濃縮した海水を遠心分離機で結晶スラリーと飽和水溶液に分ける．飽和水溶液が蒸発器にリサイクルされる．図 2.16 のプロセスでリサイクル量 x_3 を求めよ．

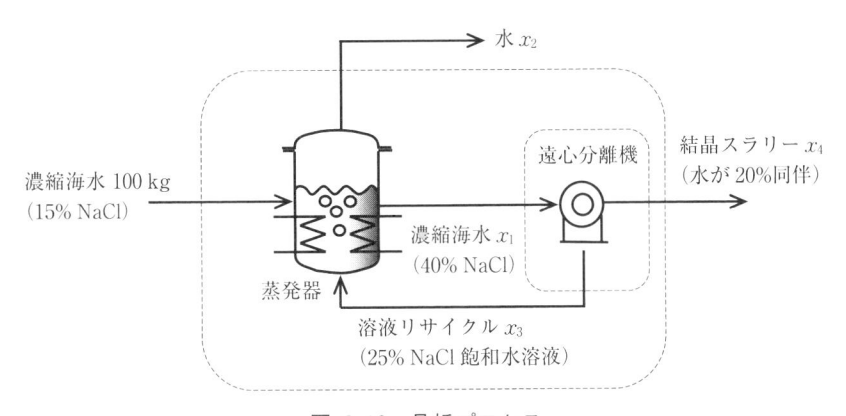

図 2.16 晶析プロセス

52   2 プロセスの物質収支

（解）　基準：原料濃縮海水 100 kg
物質収支：プロセス全体　① 全収支：$100 = x_2 + x_4$ 　　　　　　(1)
　　　　　　　　　　　　② NaCl 収支：$100 \times 0.15 = (1-0.2)x_4$ 　(2)
これより，$x_4 = 18.75$，$x_2 = 81.25$
　　　　　リサイクル部　①′ 全収支：$x_1 = x_4 + x_3$ 　　　　　　(3)
　　　　　　　　　　　　②′ NaCl 収支：$0.4x_1 = (1-0.2)x_4 + 0.25x_3$ (4)
以上の連立方程式を解いて，$x_1 = 68.75$，$x_3 = 50$．

【例題 2.15】 蒸留塔のリサイクル（還流）

蒸留塔で 15％エタノール水溶液 100 kmol/h を分離している．塔頂蒸気流量が 70 kmol/h であり，一部が製品留出液（D）として取り出され，一部が還流（L）として塔にリサイクルする．留出液，缶出液の組成，流量が図 2.17 のようであるとき，還流比 $R = L/D = x_2/x_1$ を求めよ．

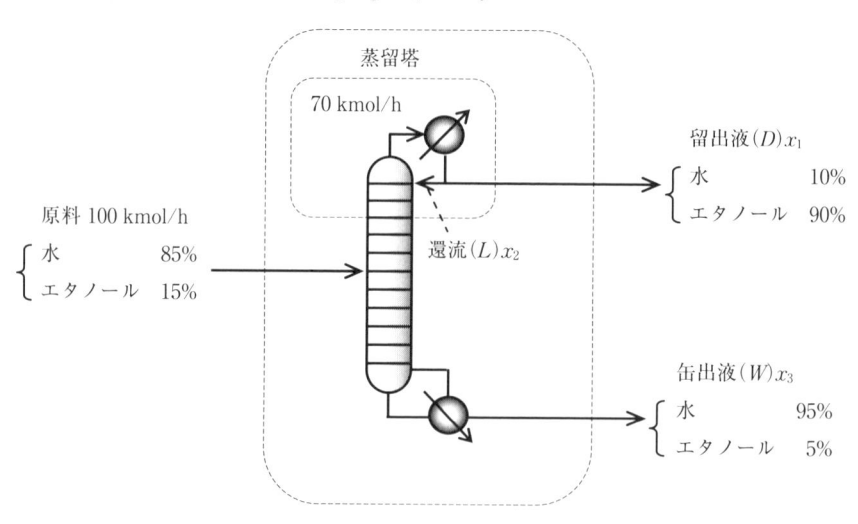

図 2.17　蒸留塔のリサイクル（還流）

（解）　基準：原料 100 kmol/h
物質収支：プロセス全体　① 全収支：$100 = x_1 + x_3$ 　　　　　　(1)
　　　　　　　　　　　　② エタノール収支：$100 \times 0.15 = 0.9x_1 + 0.05x_3$
　　　　　　　　　　　　　　　　　　　　　　　　　　　　　　　　(2)

これより，$x_1=11.8$，$x_3=88.2$
$$\text{塔頂部(還流)} \quad \text{①}' \text{ 全収支：} 70=x_1+x_2 \tag{3}$$
これより，$x_2=58.2\,\text{kmol/h}$．よって還流比 $R=x_2/x_1=4.9$ となる．

2.3.3 反応プロセスのリサイクル操作

気相反応などの平衡反応プロセスでは，反応器での転化率が100%でない．この転化率を **1 回通過転化率**(single-pass conversion, once-through conversion)という(図2.18(a))．この場合，反応器出口で生成物と未反応物を分離し，未反応物は再度反応器入口に戻す操作がおこなわれる．このリサイクル操作によりプロセスの**総括収率** K(overall yield)は100% ($K=1.0$) となる(図2.18(b))．

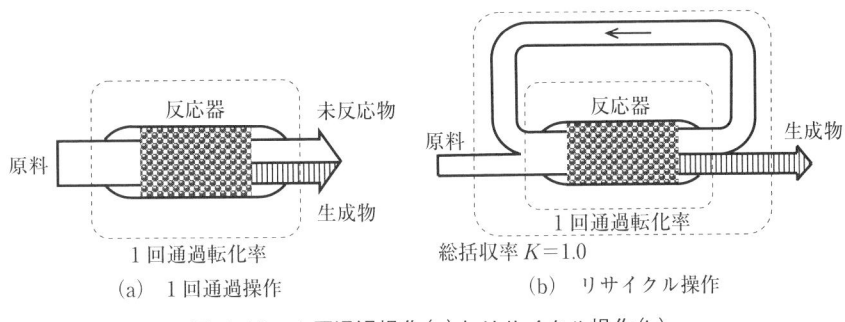

図 2.18　1回通過操作(a)とリサイクル操作(b)

【例題2.16】　反応プロセスのリサイクル——アンモニアプロセス——

アンモニアプロセスで，原料ガスが N_2，H_2 が量論比の組成(1:3)で供給され，流量が 100 kmol/h である．反応器における 1 回通過転化率が 0.30 である(図2.19)．未反応ガスが反応器入口にリサイクルされるとき，リサイクル量を求めよ．

(解)　基準：原料ガス 100 kmol/h
物質収支：(「プロセス全体」は明らか)
③ 反応器まわりの原料収支(1回通過転化率に関して)をとる．

原料ガス 100 kmol/h
リサイクル(R)
x_1
反応器
1回通過転化率 0.30
分離器
総括収率 $K=1.0$
製品 NH$_3$ 50 kmol/h

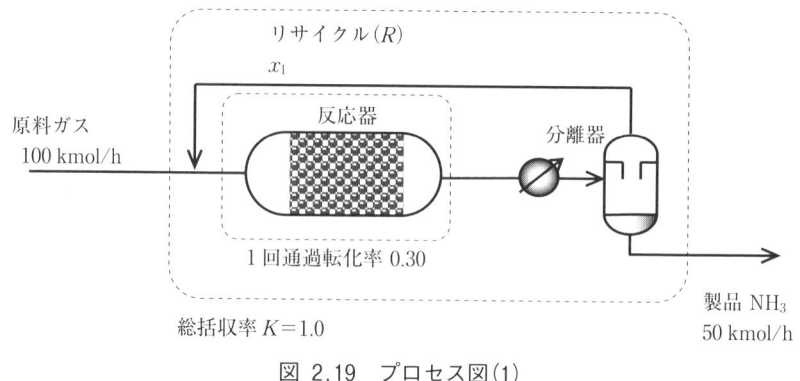

図 2.19　プロセス図(1)

$$(100+x_1)(1-0.30)=x_1$$
$$(\text{原料入り量})\times(\text{未反応率})=(\text{リサイクル量}) \quad (1)$$

これより，$x_1=233$ kmol/h となる．

2.3.4　反応プロセスのリサイクル・パージ操作

　反応プロセスで未反応ガスのリサイクル操作がおこなわれる場合は，原料中の不純物（イナートガス）の系内への蓄積の問題が生じる．このため不純物を取り出す操作が必要で，これがパージ操作である．このパージ操作により原料ガ

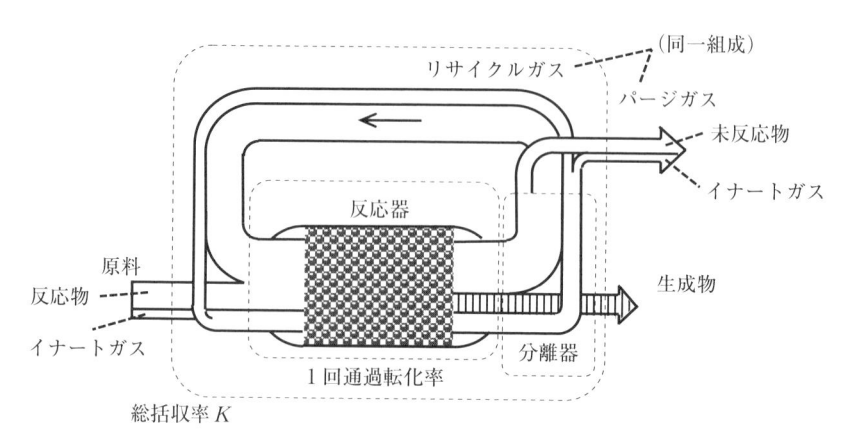

図 2.20　リサイクル・パージ操作

スが系外に放出されるため，プロセスの総括収率は100%以下($K<1.0$)となる(図2.20)．

【例題2.17】 リサイクル・パージプロセス——アンモニアプロセス——
⟨bce20.xls⟩

アンモニアプロセス(反応：$N_2 + 3H_2 \longrightarrow 2NH_3$, 1回通過転化率0.30)で原料100 kmol/hにイナートガス(Ar, CH_4)が1 kmol/h同伴される．このためパージ操作が必要である．このプロセスの未知流量x_1, x_2, x_3, x_4を下のプロセス図2.21中のようにする．総括収率$K=0.95$としてリサイクル量，パージ量を求めよ．また，実用上はKの指定の代わりに反応器入口のイナートガス組成を指定して操作条件とする場合もある．反応器入口のイナートガス組成が0.10とした場合も求めよ．

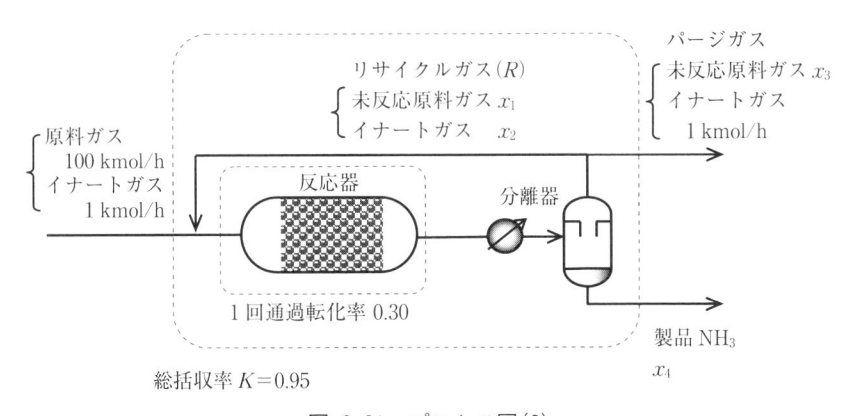

図 2.21 プロセス図(2)

(解)　基準：原料ガス(N_2, H_2) 100 kmol/h
物質収支：パージガス中のイナートガス量は入口と同じ1 kmol/hであるのは明らか．

① 系全体の反応ガス収支(mol基準のため，x_4を生成するため$2x_4$の反応ガスが必要)

$$100 = x_3 + 2x_4 \tag{1}$$

①′ 反応器まわりの収支　　$(100+x_1)(1-0.30)=x_3+x_1$ 　　　　　(2)

　　　　　　　　　　　（反応物）×（1−（1回通過転化率））＝（未反応物）

③ 制約条件1：リサイクル流れとパージ流れは組成が同じ．すなわち，

$$\frac{x_1}{x_2}=\frac{x_3}{1} \tag{3}$$

　制約条件2：総括収率 K の指定（$K=0.95$）．

$$100\times(1-K)=x_3 \tag{4}$$

以上で未知数4について4つの方程式(1)〜(4)が得られた．式(3)が線形でないので，これらは非線形連立方程式である．図2.22がこの方程式のソルバーによる解法例である．解は $x_1=216.7, x_2=43.3, x_3=5.0, x_4=47.5$ kmol/h である．

また，反応器入口のイナートガス組成を指定する場合は式(4)が，

$$\frac{1+x_2}{100+1+x_1+x_2}=0.10 \tag{4}$$

となる．この計算は1章の例題1.15でおこなった．

図2.23は総括収率 K を変えて計算した場合のリサイクル量（$R=x_1+x_2$）と反応器入口のイナートガス組成（$(1+x_2)/(100+1+x_1+x_2)$）の計算結果である．このプロセスで総括収率を上げれば製品量が増えるので，経済的には有利である．一方，総括収率を上げるとリサイクル量が増加して，ガス循環圧縮機の動力費が増加する．また系内のイナートガスの組成が増えると循環動力が無駄であり，転化率の低下も生じる．以上の理由から，実際のプロセスでは総括収率には最適な値がある．

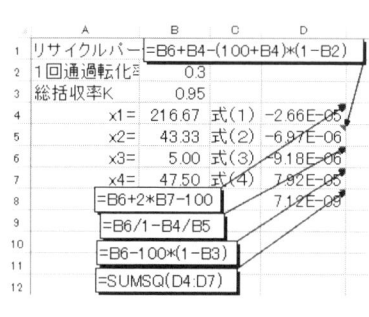

図 2.22　リサイクル・パージ問題の解法

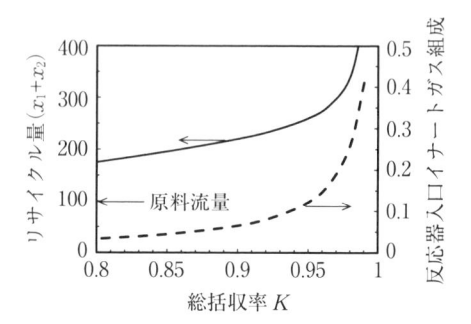

図 2.23　リサイクルの効果

演 習 問 題   57

演 習 問 題

【2.1】 （濃度の換算） 水とエタノールの混合液がある．水の分子量 $M_2=18$ g/mol，エタノールの分子量 $M_1=46.1$ g/mol である．エタノールのモル分率 $x=0.05$ を質量分率 ω に換算せよ．

【2.2】 （水中の溶存濃度） 以下の水中の溶存濃度をモル分率に換算せよ．水の分子量 $M_2=18$ g/mol とする．
  (a) 酸素（$M_1=32$ g/mol）8 ppm
  (b) 塩素（$M_1=70.9$ g/mol）0.1 ppm
  (c) トリクロロエチレン（$M_1=131.4$ g/mol）20 ppm
  (d) NaCl（$M_1=58.4$ g/mol）3.5 g/L
  (e) NaOH（$M_1=40.0$ g/mol）0.1 M/L

【2.3】 下記の反応により排煙中の SO_2 を除去する．
$$Mg(OH)_2 + SO_2 \longrightarrow MgSO_3 + H_2O$$
  2000 ppm の SO_2（$M=64.06$ g/mol）を含むガス 2×10^5 m^3/h を処理するのに必要な 5 wt% $Mg(OH)_2$（$M=58.32$ g/mol）水溶液はどれほどか．

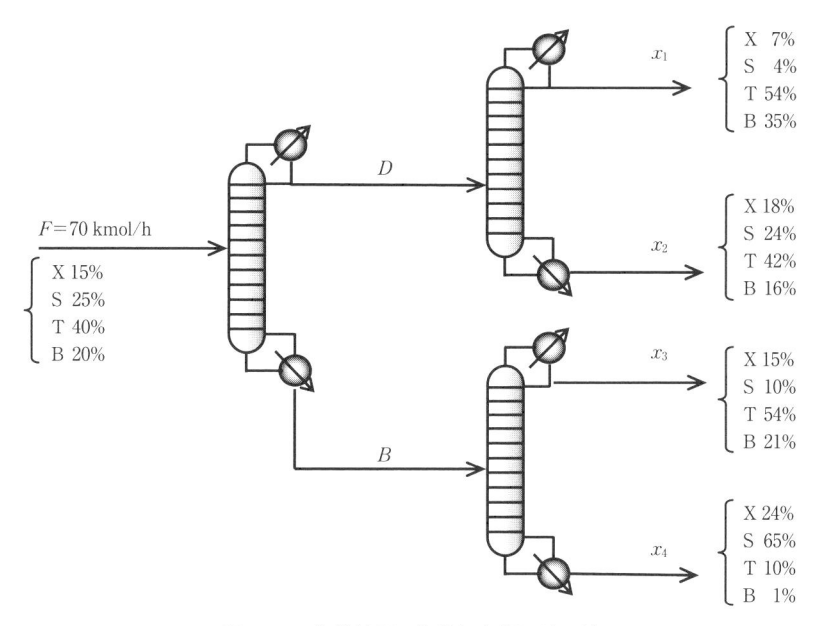

図 2.24　複数装置の物質収支（問題【2.4】）

【2.4】（複数装置の物質収支，蒸留，4成分3塔） パラキシレン(X)，スチレン(S)，トルエン(T)，ベンゼン(B)の4成分を3つの蒸留塔で分けている．図2.24中の成分組成から流量 x_1, x_2, x_3, x_4 を求めよ[5,p.23]（4元連立1次方程式の問題）．

【2.5】 天然ガス(メタン CH_4)を，過剰空気率50％で完全燃焼させる(図2.25)．以下の様式で物質収支を書け．湿り基準での煙道ガスの組成を求めよ（数値は[kmol/h]単位とする）．

(解の様式)　基準：天然ガス CH_4 100

反応：CH_4 ＋ $2O_2$ ⟶ CO_2 ＋ $2H_2O$ （100％）
　　　（　　）（　　）　（　　）（　　）

理論空気量：理論酸素量は（　　），50％過剰の条件より，供給 O_2（　　），供給 N_2（　　）

燃焼炉

CH_4　　　100
空気 O_2 21%　（　　）
　　 N_2 79%　（　　）

CO_2　（　　）
H_2O　（　　）
O_2　（　　）
N_2　（　　）

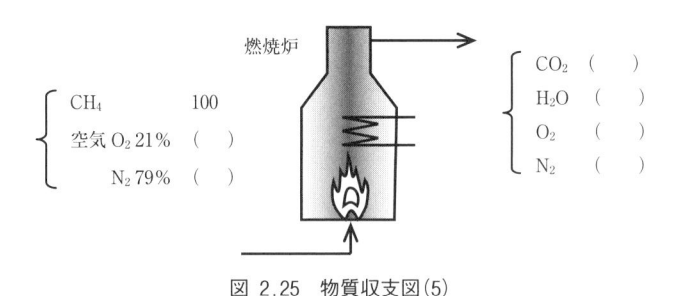

図 2.25　物質収支図(5)

【2.6】 自動車エンジンでガソリン(n-ヘキサンで成分を代表する)を，過剰空気率20％で完全燃焼させている(図2.26)．以下の様式で物質収支を書き，自動車排気ガスの乾燥基準での組成を求めよ．

(解の様式)　基準：ヘキサン C_6H_{14} 100 mol/h

反応：C_6H_{14} ＋ （　　）O_2 ⟶ （　　）CO_2 ＋ （　　）H_2O （100％）
　　　（　　）　　（　　）　　　　（　　）　　　　（　　）

理論空気量：理論酸素量は（　　），20％過剰の条件より，供給 O_2（　　），供給 N_2（　　）

ガソリン(ヘキサン)　100
空気 O_2 21%　（　　）
　　 N_2 79%　（　　）

CO_2　（　　）
H_2O　（　　）
O_2　（　　）
N_2　（　　）

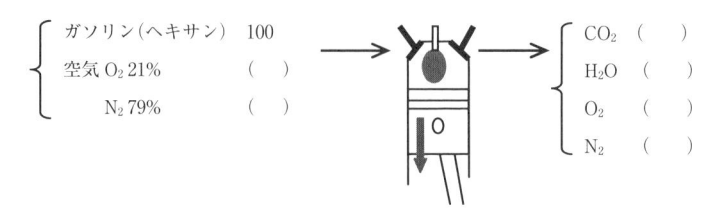

図 2.26　物質収支図(6)

演 習 問 題　59

【2.7】 この教習所は1年で修了である．毎年新入生が100人入学し，1年後卒業試験があり，合格者は卒業し不合格者は再度在籍する．卒業試験の合格率が25%とすると教習所では何人分の教室を用意すべきか．

【2.8】 (リサイクルプロセス：メタノール)　メタンの改質により得られたCOとH_2を反応器に送り，メタノール合成反応：

$$CO + 2H_2 \longrightarrow CH_3OH$$

をおこなう．原料ガスはCO，H_2が量論比の組成(1:2)で供給され，100 kmol/hとする．反応器における1回通過転化率は0.18である．リサイクル量を求めよ．

【2.9】 (リサイクル・パージプロセス：メタノール)　上のメタノールプロセスで原料100 kmol/hにイナートガス(CH_4)が1 kmol/h加わる．このためパージ操作が必要である．このプロセスの未知流量x_1, x_2, x_3, x_4を例題2.17と同じにする．総括収率$K=0.95$としてリサイクル量，パージ量を求めよ．

3 気体・液体の性質

3.1 理想気体・実在気体と状態方程式
3.1.1 理想気体の法則

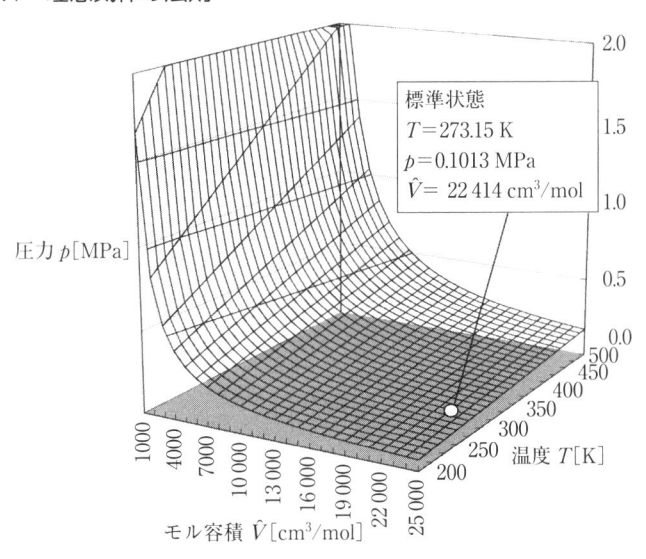

図 3.1 理想気体の法則 〈bce65.xls〉

標準状態
$T = 273.15$ K
$p = 0.1013$ MPa
$\hat{V} = 22\,414$ cm^3/mol

気体の性質の基礎は圧力-容積-温度の関係すなわち $p\text{-}\hat{V}\text{-}T$ 関係である．その基本は理想気体の法則（完全気体の方程式[1, p.9]）である．

$$pV = nRT \quad \text{または} \quad p\hat{V} = RT \tag{3.1}$$

（p：圧力，V：容積，n：物質量，R：気体定数，T：温度，$\hat{V}$：モル容積[*1]）
理想気体の法則に従う気体を完全気体（または理想気体）という．図3.1にモル

[*1] 物理化学の教科書では添え字 m でモル容積を表す[1]（V_m[m^3/mol]）．本書では"^"でモルあたりを示す．

容積 $\hat{V}[\text{cm}^3/\text{mol}] = V/n$ を用いて理想気体の法則 $p\hat{V}=RT$ を図示した．理想気体の状態すなわち p-$\hat{V}$-T 関係は3つのうち2つの条件で定まることを示している．

あらゆる温度，圧力の範囲で理想気体の法則が成り立つ気体はないが，低分子量の気体や，低圧，高温での気体・蒸気では実用上，理想気体の法則からの誤差は数%である．

理想気体の法則では気体定数を定めるために，標準状態(standard temperature and pressure, STP)が選ばれる．従来 STP とは 0℃，1 atm のことを指していた．これに対して SI では圧力に Pa を用いる(表3.1)．このため気体定数 R の数値が異なる．

表 3.1 理想気体に対する標準状態

	T	p	$\hat{V}$	R
STP(SI)	273.15 K (0.0℃)	101.325 kPa	22.414 m³/kmol 22414 cm³/mol	8.31447 m³·Pa/(mol·K) 8.31447 J/(mol·K)
STP(L, atm)	0.0℃	1.0 atm	22.414 L/mol	0.082057 L·atm/(mol·K)

理想気体の混合物には以下の法則が適用される．
1. **ドルトンの法則**：分圧 p_1, p_2, …の和は全圧 p_t に等しい．また，気体では(($分圧 p_i$)/($全圧 p_t$))，体積分率およびモル分率 y_i が等しい．
2. **アマガーの法則**：気体混合物の全容積は同一温度，圧力における各成分気体の容積の和に等しい(加成性が成り立つ)．これより，混合気体の流れでは各成分の流量が全流量に等しい．

3.1.2 実在気体の p-$\hat{V}$-T 関係

理想気体の法則は実際の気体(実在気体)にはあてはまらない．図3.2(a)は二酸化炭素(CO_2)の p-$\hat{V}$-T データ[4]である．図中の右上に理想気体の法則の関係を示したが，理想気体の法則による同圧力のモル容積に比較して，50℃では70%，31℃では50%のモル容積となっており，これが非理想的挙動である．31℃以下では圧縮(モル容積減少)しても圧力が変化しない現象が生じ(図の D 点から B 点)，これが液化(凝縮)の過程である．B 点からは液体の圧縮過程となる．液化が生じる最低温度が臨界温度 T_c であり，このときの C 点を臨界点，

3.1 理想気体・実在気体と状態方程式　63

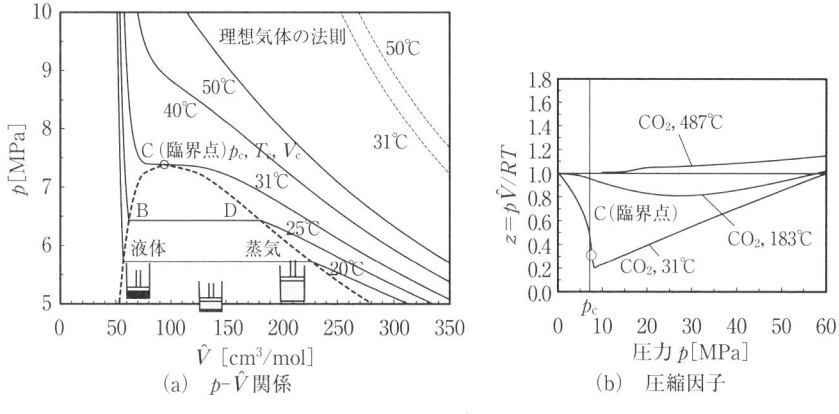

図 3.2　二酸化炭素(CO_2)のp-$\hat{V}$-T関係 [4] 〈bce66.xls〉

その点における容積と圧力を臨界容積 $\hat{V}_c$，臨界圧力 p_c とよぶ．これら臨界点の値は物質固有のものであり，物性値表[3]に掲載されている．

この気体の非理想的挙動を詳しく調べる方法が圧縮因子[1,p.14]（圧縮係数）(compressibility factor, compression factor) z を圧力の関数として図示することである．

$$z = \frac{(\hat{V})_{実在気体}}{(\hat{V})_{理想気体}} = \frac{(p\hat{V}/T)_{実在気体}}{(p\hat{V}/T)_{理想気体}} = \frac{(p\hat{V}/T)_{実在気体}}{R} \tag{3.2}$$

理想気体では常に $z=1$ である．図3.2(b)に二酸化炭素の圧縮因子を示す．図3.3はその他の気体についての圧縮因子である．いずれも低温・低圧で $z<1$，高温・高圧で $z>1$ となる．このような圧縮因子 z の圧力依存性は各種気体で類似している．

3.1.3　状態方程式

化学プラントは管や装置の内部が直接は見えないので，圧力と温度の測定値から気液の状態(容積)を推定する必要がある．また，化学プラントの設計において，配管の径や容器の大きさを決めるために，設定条件での気体の容積や，物質が気体-液体のどの状態にあるかを推定することが必要である．このために実在気体の p-$\hat{V}$-T 関係を厳密に推定できる式が実用上重要となる．それが状態方程式(state equation)である．

最初の状態方程式が1893年に提案された次のファンデルワールス(van der

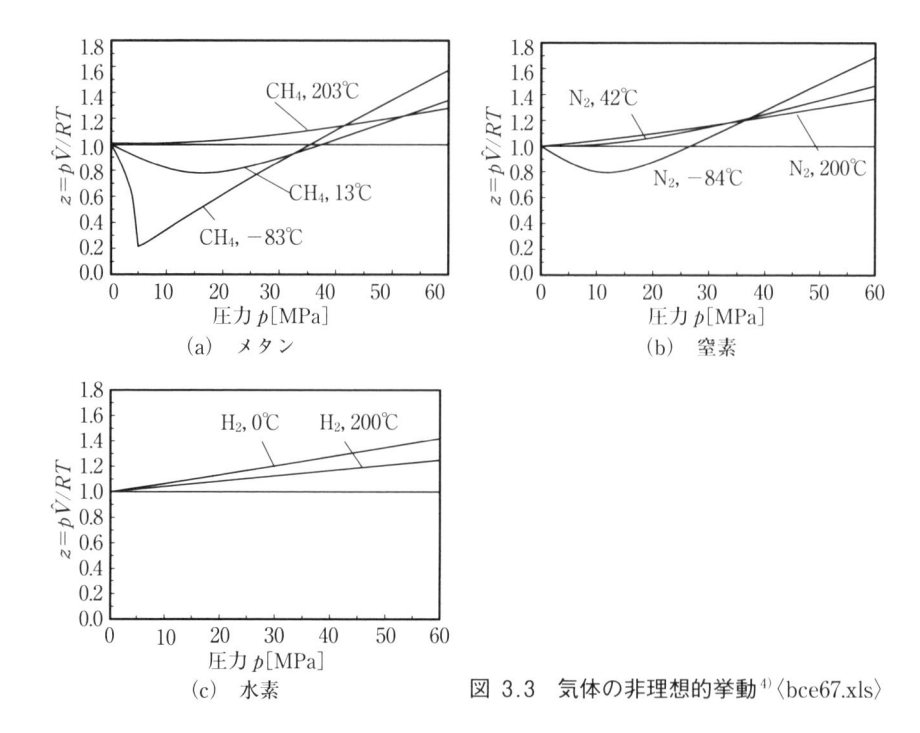

図 3.3 気体の非理想的挙動[4] 〈bce67.xls〉

Waals)式である．

$$\left(p + \frac{a}{\widehat{V}^2}\right)(\widehat{V} - b) = RT \tag{3.3}$$

これは理想気体の法則 $p'\widehat{V}' = RT$ の p', $\widehat{V}'$ を，次の2つの考察により実測の p, $\widehat{V}$ を修正して置き換えたものである(図3.4)．

① 分子自身の容積の効果：分子自身のモル容積を b として，理想気体の法則において分子が分子運動で占める空間の容積 $\widehat{V}'$ は実際の容積 $\widehat{V}$ から b を引いたものである．よって $\widehat{V}' = \widehat{V} - b$ とする．

② 分子間引力の効果[1, p.18]：圧力 p とは分子が容器壁に衝突する力である．分子間に引力があると，壁に向かう分子の運動が内部の分子の引力で抑制されて，測定される圧力 p は理想気体の圧力 $p' = RT/(\widehat{V} - b)$ から Δp 弱められていると考える．この分子間引力と分子密度 $1/\widehat{V}$ および圧力減少 Δp との関係は，(A) 分子間引力が増加すると $\widehat{V}$ が減少すなわち密度 $1/\widehat{V}$ が増加する，(B) 密

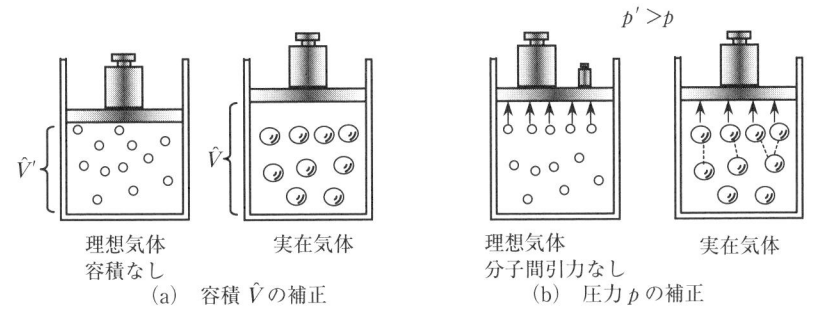

3.1 理想気体・実在気体と状態方程式

図 3.4 ファンデルワールス式における理想気体の法則の補正
(a) 容積 $\hat{V}$ の補正　(b) 圧力 p の補正

度が増加すると壁に衝突する分子に対する他の分子からの引力が比例して増加して，Δp が増加する（$\Delta p \propto (1/\hat{V})$）．これら二重の効果[*2]により，$\Delta p \propto (1/\hat{V})^2$ である．よってこれを加えて $p' = p + a/\hat{V}^2$ とする．

ファンデルワールス式は $\hat{V}$ に関する3次方程式であり，$\hat{V}$-p 関係を図 3.5 に例示した．ファンデルワールス式は関数としては，

圧力 p については陽関数 (explicit)：$p = \dfrac{RT}{\hat{V} - b} - \dfrac{a}{\hat{V}^2}$　　　(3.4)

モル容積 $\hat{V}$ については陰関数 (implicit)（非線形方程式）：$\hat{V} = \dfrac{RT}{(p + a/\hat{V}^2)} + b$
(3.5)

である．また，1階および2階微分がともに0となる変曲点以上で実数1根，変曲点以下で実数3根をもち，実在気体の p-$\hat{V}$-T 関係を概略表現している．ファンデルワールス式ではこの変曲点を，実在気体の臨界点にとる．すなわち，変曲点では，

$$\left[\frac{\partial p}{\partial \hat{V}}\right]_{T_c} = 0 = \frac{-RT_c}{(\hat{V}_c - b)^2} + \frac{2a}{\hat{V}_c^3}, \quad \left[\frac{\partial^2 p}{\partial \hat{V}^2}\right]_{T_c} = 0 = \frac{2RT_c}{(\hat{V}_c - b)^3} - \frac{6a}{\hat{V}_c^4}$$
(3.6)

[*2] この効果の説明は物理化学の教科書により種々あるので，各自納得できる説明を探すべきである．しかし理由づけはどうであれ，$\Delta p \propto (1/\hat{V})^2$ としたことで3次方程式となり，実在気体の状態を表現できた．

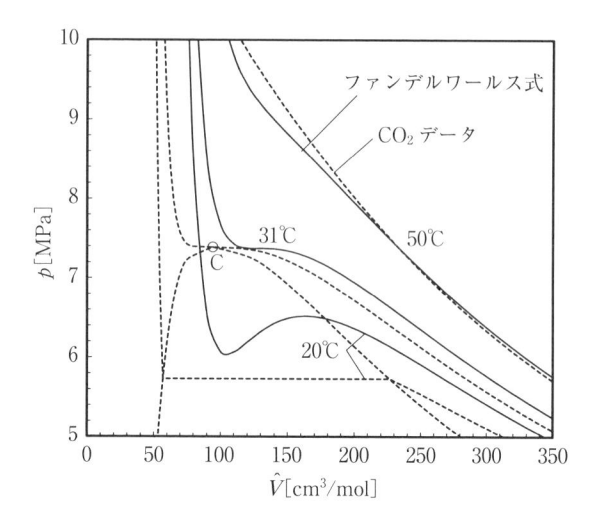

図 3.5 ファンデルワールス式による二酸化炭素(CO_2)の p-$\hat{V}$-T 〈bce68.xls〉

より，$\hat{V}_c = 3b$，$T_c = 8a/(27Rb)$ である．これを元の式に代入して，$p_c = a/27b^2$．よって定数 a, b を次式により (p_c, T_c) から決めることができる．

$$a = 3p_c\hat{V}_c^2 = (9/8)RT_c\hat{V}_c = \frac{27R^2T_c^2}{64p_c}, \quad b = \frac{1}{3}\hat{V}_c = \frac{RT_c}{8p_c} \quad (3.7)$$

($\hat{V}_c$ は実用上測定しにくいので (p_c, T_c) を用いる)

図 3.5 は二酸化炭素(CO_2)について，臨界定数から a, b を求め，ファンデルワールス式による p-$\hat{V}$-T 関係を示したものである (例題 3.1 による)．図中の破線で標準データ[4]を示したが，臨界温度以上ではデータをよく表している．

表 3.2 ファンデルワールス定数[1, p.A37]

	$b\,[\mathrm{cm^3/mol}]$	$a\,[\mathrm{atm(cm^3/mol)^2}]$	$T_c\,[\mathrm{K}]$
H_2	26.6	0.246×10^6	33
N_2	38.6	1.347×10^6	126
CO_2	42.8	3.60×10^6	304
NH_3	37.3	4.19×10^6	405
H_2O	30.6	5.48×10^6	647

[D. Lide Ed., "CRC Handbook of Chemistry and Physics", CRC Press]

3.1 理想気体・実在気体と状態方程式

表3.2に気体のファンデルワールス定数を示す．定数bはどの気体も$20\sim40\,\mathrm{cm^3/mol}$にある．水1molの容積が$18\,\mathrm{cm^3}$であるから定数$b$の意味（分子自身のモル容積）からして妥当な値である．一方，気体分子間の引力の大きさを表す定数aの値は気体により大きく異なる．一般に気体の凝縮現象とは分子間引力が気体分子の運動エネルギーより大きい状態である．気体分子の運動エネルギーは同じ温度では気体の種類に関係なく一定であるから，分子間引力aの小さい気体ほど凝縮する温度は低いと予想される．すなわち定数aは臨界温度に関係すると考えられ，実際aの値の順序は各気体の臨界温度T_cに対応している．

【例題3.1】 ファンデルワールス式〈bce21.xls〉

二酸化炭素(CO_2)についてファンデルワールス式によりp vs. $\hat{V}$およびz vs. p/p_cを計算・図示せよ．ファンデルワールス(van der Waals)定数は図3.6中に示す．

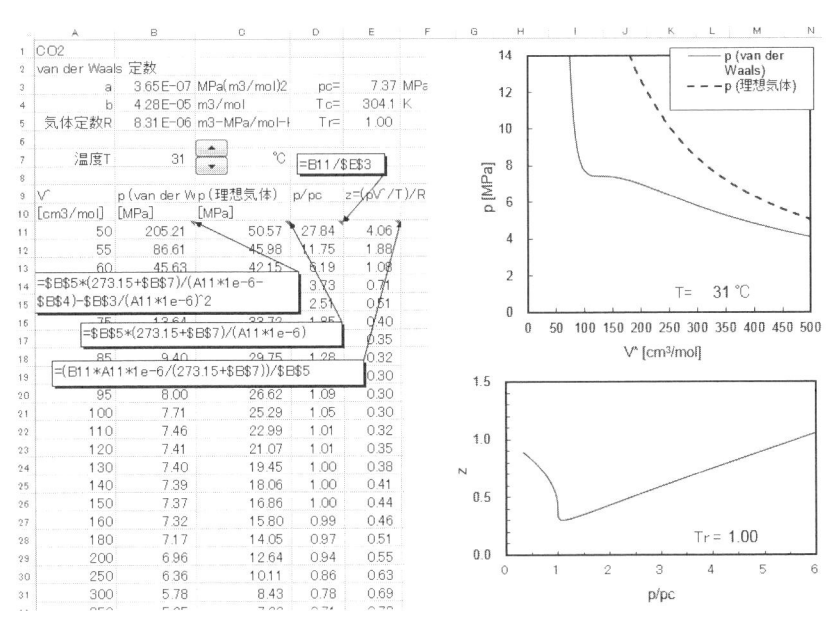

図3.6 ファンデルワールス式による二酸化炭素のp-$\hat{V}$-Tの計算〈bce21.xls〉

(解) 図3.6のシートでA列に $\hat{V}$, B列にファンデルワールス式(3.4), C列に比較のため理想気体法則(式(3.1))による p を計算する.31℃で変曲点のある曲線が示される.

ファンデルワールス式は初めての状態方程式として,また物理化学的にはたいへん重要であるが,図3.5に実際の $p\text{-}\hat{V}\text{-}T$ データと比較したように,特に臨界温度付近以下でデータとの適合性は不十分である.そこで推算精度の高い実用になる状態方程式の開発に多大な努力がなされてきた.ファンデルワールス式の経験的改良として提案された同じく2定数のRedlich-Kwong式[3,p.17](次式)は,臨界点以上ではかなり優秀である.図3.7に CO_2 についてデータとの比較を示す.

$$\left[p+\frac{a}{T^{1/2}\hat{V}(\hat{V}+b)}\right](\hat{V}-b)=RT$$

$$(a=0.42747\left(\frac{R^2 T_c^{2.5}}{p_c}\right),\ b=0.08664\left(\frac{RT_c}{p_c}\right)) \qquad (3.8)$$

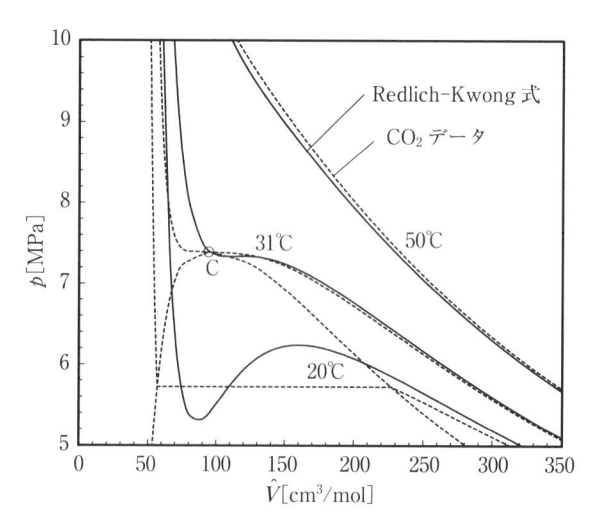

図3.7 Redlich-Kwong式による二酸化炭素(CO_2)の $p\text{-}\hat{V}\text{-}T$ 〈bce68.xls〉($a=6.476\ \text{Pa}\cdot\text{K}^{1/2}\cdot(\text{m}^3/\text{mol})$, $b=2.975\times10^{-5}\ \text{m}^3/\text{mol}$)

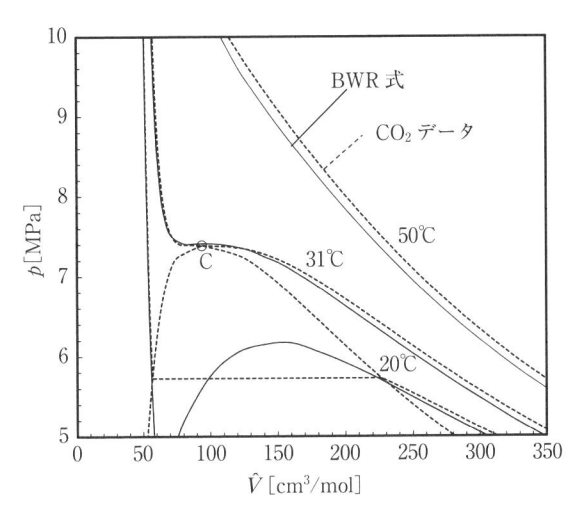

3.1 理想気体・実在気体と状態方程式

図 3.8 Benedict-Webb-Rubin 式による二酸化炭素(CO_2)の p-$\hat{V}$-T ⟨bce68.xls⟩

より精度の高い状態方程式として，モル容積で展開した項を加えていくビリアル型状態方程式：

$$p\hat{V} = RT(1 + B/\hat{V} + C/\hat{V}^2 + \cdots) \tag{3.9}$$

が用いられる．この種の代表的な式は Benedict-Webb-Rubin(BWR)式であり，物質ごとに 8 個の定数を含んでいる[3, p.17]．この BWR 式による CO_2 の p-$\hat{V}$-T の計算結果[7, p.71]をデータと比較して図 3.8 に示す．超臨界領域や液相も含めデータを精度よく表している．しかし，状態方程式の精度を上げようとすると物質ごとのパラメーターが増えてしまい，実用上の便利さが失われる．このため次項の一般化した状態方程式のほうが実用上有用である．

3.1.4 対応状態の原理，圧縮因子 z による一般化

p-$\hat{V}$-T 関係の一般化のため，物質の臨界定数(p_c, T_c, $\hat{V}_c$)により，

$$\text{対臨界温度(reduced temperature)}\, T_r = \frac{T}{T_c} \tag{3.10}$$

$$\text{対臨界圧力(reduced pressure)}\, p_r = \frac{p}{p_c} \tag{3.11}$$

$$\text{対臨界モル容積}\, V_r = \frac{\hat{V}}{\hat{V}_c} \tag{3.12}$$

を定義する．ファンデルワールス式で考えると，臨界点での圧縮因子を z_c とすると，$z_c = \dfrac{p_c \widehat{V}_c}{RT_c} = \dfrac{(a/27b^2)(3b)}{R(8a/27Rb)} = \dfrac{3}{8} = 0.375$ であり，物質を問わず臨界点での圧縮因子が等しくなる．さらにファンデルワールス式自身も $p_r, T_r, \widehat{V}_r$ を代入して，$p_r p_c = \dfrac{RT_r T_c}{V_r \widehat{V}_c - b} - \dfrac{a}{V_r^2 \widehat{V}_c^2}$ より，

$$p_r = \dfrac{8T_r}{3V_r - 1} - \dfrac{3}{V_r^2} \tag{3.13}$$

となる．これは $f(p_r, V_r, T_r) = 0$ であり，対臨界値(対応状態)で表した $p\text{-}\widehat{V}\text{-}T$ 関係は物質を問わない関係になることを意味している．このことを対応状態の原理(principle of corresponding states)という．

実際に図3.2，3.3で示した各種気体の圧縮因子を，横軸を臨界圧 $p_r = p/p_c$ でまとめて示したのが図3.9である．対臨界温度 $T_r = T/T_c$ ごとに気体によらずほぼ同一の線上にある．したがって，実在気体も p_r, T_r で規格化すれば同じ $z = f(p_r, T_r)$ 関係になる．この関係を $z_c \approx 0.27$ の炭化水素の実測値にあうように図で表したのが，**一般化された z 線図**(generalized compressibility factor charts)である．図3.10が，横軸を対臨界圧 p_r，縦軸を圧縮因子 z，パラメーターを対臨界温度 T_r とした z 線図である．図3.10(a)が低圧範囲で臨界点以下の状態で，飽和蒸気と飽和液体の z が示されている．これを結ぶ T_r の垂直

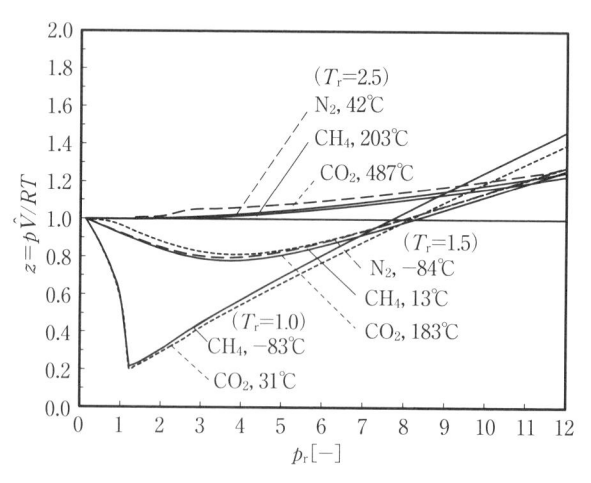

図 3.9　対臨界圧で示す対応状態の原理

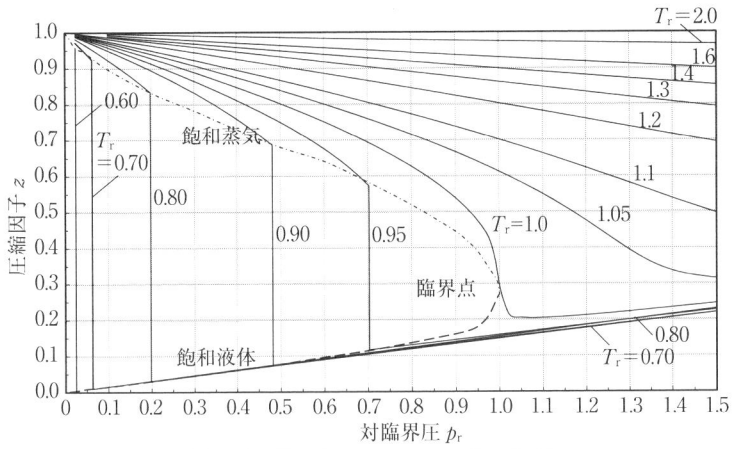

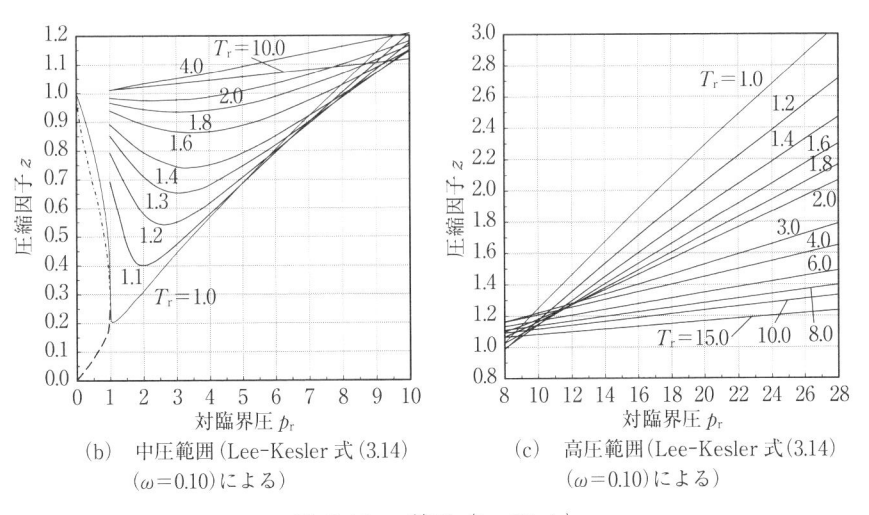

3.1 理想気体・実在気体と状態方程式 71

(a) 低圧範囲（ブタンのデータ[4] による）

(b) 中圧範囲（Lee-Kesler 式 (3.14)
  ($\omega=0.10$) による）

(c) 高圧範囲（Lee-Kesler 式 (3.14)
  ($\omega=0.10$) による）

図 3.10　z 線図 〈bce69.xls〉

線がその温度での気液平衡圧，すなわち蒸気圧を示す（純成分蒸気圧は別に蒸気圧式（式(3.19)）で求められるが，この線図からも近似的に得られる）．

【例題 3.2】 z 線図の使い方

(a) (p から $\widehat{V}$ を求める)　温度 35℃ で容積 10 L の CO_2 ボンベの圧力が 6.0 MPa であった．内容量を求めよ．

(b) ($\widehat{V}$ から p を求める)　温度 35℃ で容積 10 L のボンベ中に 0.71 kg のメタンがある．その圧力を求めよ．

(解)　(a)　CO_2 の臨界定数より，問題条件の $p_r=0.81$, $T_r=1.01$ である．z 線図より読み取ると，$z=0.64$ である．これより，

$$\widehat{V}=z\frac{RT}{p}=0.64\times\frac{8.314\times308}{6.0\times10^6}=2.73\times10^{-4}\ \mathrm{m^3/mol}=273\ \mathrm{cm^3/mol}$$

となり，容積 10 L では 1.61 kg となる．

(b)　モル容積が，$\widehat{V}=\dfrac{0.01\ \mathrm{m^3}}{710\ \mathrm{g}}\times16\ \mathrm{g/mol}=2.25\times10^{-4}\ \mathrm{m^3/mol}$．$\widehat{V}=z\dfrac{RT/p_c}{p/p_c}$ の関係を計算すると，$p_c=4.6$ MPa から $z=0.404\,p_r$ となる．z 線図上でこの直線と $T_r=(273+35)/190.6=1.61$ の線との交点を求めると，$z=0.88$ である．よって，$p=10.0$ MPa．

圧縮因子を求めるには，実用的には z 線図を高精度の状態方程式で定式化したものを使う．Lee と Kesler は BWR 式を基礎にした z の式を示した[3, p.18]．これは偏心因子 ω の物質の z を，偏心因子 $\omega=0$ の物質(基準物質)と $\omega_r=0.3978$ の参照物質(オクタン)の $z^{(0)}$, $z^{(r)}$ から次式で求める方法である．

$$z=z^{(0)}+(\omega/\omega_r)(z^{(r)}-z^{(0)})\quad\text{(Lee-Kesler 式)}\tag{3.14}$$

ここで，各 $z^{(0)}$, $z^{(r)}$ は BWR 式類似の次式の関係式によって求める．

$$z=\frac{p_r V_r}{T_r}=1+\frac{B}{V_r}+\frac{C}{V_r^2}+\frac{D}{V_r^5}+\left(\frac{c_4}{T_r^3 V_r^2}\right)\left(\beta+\frac{\gamma}{V_r^2}\right)\exp\left(-\frac{\gamma}{V_r^2}\right)$$

$$(B=b_1-\frac{b_2}{T_r}-\frac{b_3}{T_r^2}-\frac{b_4}{T_r^3},\ C=c_1-\frac{c_2}{T_r}+\frac{c_3}{T_r^3},\ D=d_1+\frac{d_2}{T_r})$$

$$\tag{3.15}$$

実際の計算に必要な定数は図 3.11 のシート中に示す．T_r, p_r から z を求める場合，式(3.14)は V_r に関する非線形方程式となっているので，個々の条件で

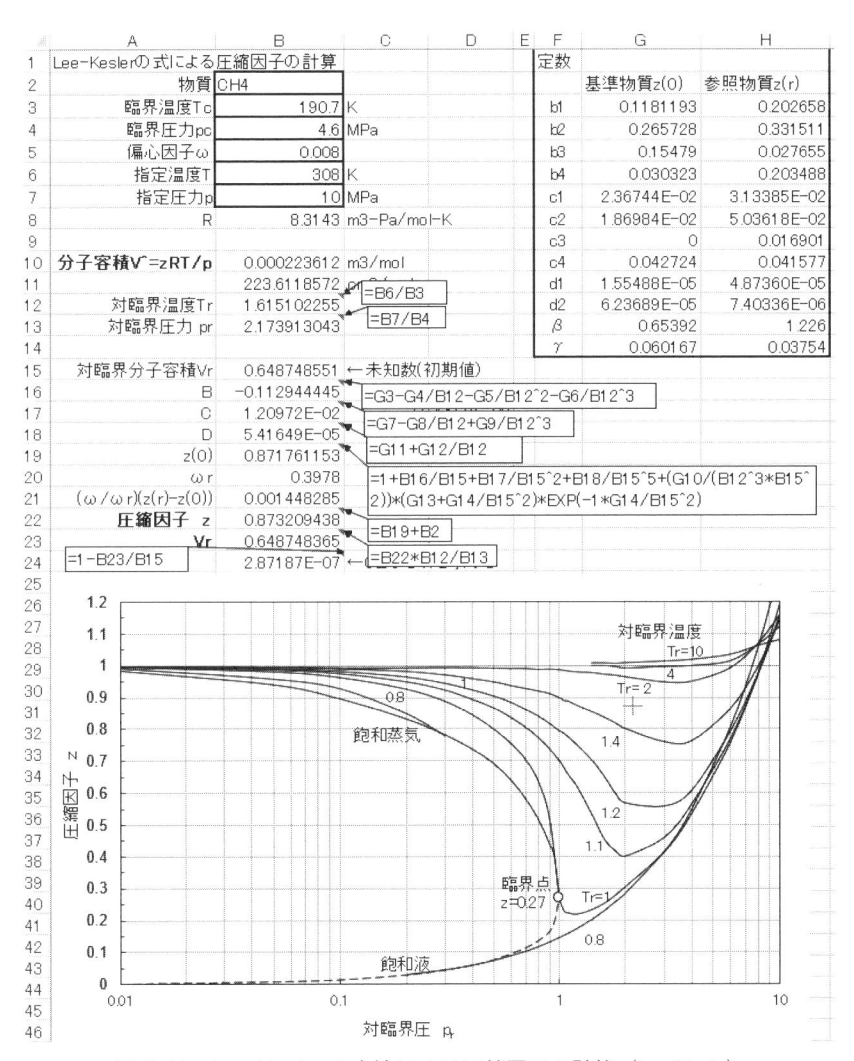

3.1 理想気体・実在気体と状態方程式

	A	B	C	D	E	F	G	H
1	Lee-Keslerの式による圧縮因子の計算					定数		
2	物質	CH4					基準物質z(0)	参照物質z(r)
3	臨界温度Tc	190.7	K			b1	0.1181193	0.202658
4	臨界圧力pc	4.6	MPa			b2	0.265728	0.331511
5	偏心因子ω	0.008				b3	0.15479	0.027655
6	指定温度T	308	K			b4	0.030323	0.203488
7	指定圧力p	10	MPa			c1	2.36744E-02	3.13385E-02
8	R	8.3143	m3-Pa/mol-K			c2	1.86984E-02	5.03618E-02
9						c3		0.016901
10	分子容積V~=zRT/p	0.000223612	m3/mol			c4	0.042724	0.041577
11		223.6118572	← =B6/B3			d1	1.55488E-05	4.87360E-05
12	対臨界温度Tr	1.615102255	← =B7/B4			d2	6.23689E-05	7.40336E-06
13	対臨界圧力 pr	2.173913043				β	0.65392	1.226
14						γ	0.06016767	0.03754
15	対臨界分子容積Vr	0.648748551	← 未知数(初期値)					
16	B	-0.112944445	← =G3-G4/B12-G5/B12^2-G6/B12^3					
17	C	1.20972E-02	← =G7-G8/B12+G9/B12^3					
18	D	5.41649E-05						
19	z(0)	0.871761153	← =G11+G12/B12					
20	ωr	0.3978	← =1+B16/B15+B17/B15^2+B18/B15^5+(G10/(B12^3*B15^2))*(G13+G14/B15^2)*EXP(-1*G14/B15^2)					
21	(ω/ωr)(z(r)-z(0))	0.001448285						
22	圧縮因子 z	0.873209438	← =B19+B2					
23	Vr	0.648748365						
24	=1-B23/B15 →	2.87187E-07	← =B22*B12/B13					

図 3.11 Lee-Kesler の方法による圧縮因子の計算 〈bce69.xls〉

方程式を解く必要がある．Lee-Kesler 式は $T_r=0.3〜4$，$p_r=0〜10$ の広範囲に適用できる．

【例題 3.3】 Lee-Kesler の方法による圧縮因子の計算 〈bce69.xls〉
温度 35℃ でメタンの圧力が 10.0 MPa であった．この条件における z を Lee-Kesler 式(3.14)で求めよ．

（解）図 3.11 が式(3.14)，(3.15)で z を計算するシートである．物質のパラメーターと条件を B3：B7 に設定する．V_r の初期値を B15 に設定して，式中の定数(G3：H14)から式(3.15)を B19：C19 に計算する．求めた z(B22) から再度 V_r を計算する．これが初期値と一致するよう，ゴールシークで B24 が 0 となる V_r を求める．これより $z = p_r V_r / T_r = 0.87$ が得られる．

3.2 水蒸気と湿り空気

3.2.1 気液共存状態と飽和蒸気圧

物質の臨界点以下の状態を考える．物質はその臨界温度 T_c より高い温度では圧縮しても凝縮しないが，低い温度では圧縮により凝縮し，気-液 2 相状態が現れる．この意味で，蒸気(vapor)とは臨界温度以下の凝縮する可能性のあ

(a) p-$\hat{V}$-T 関係

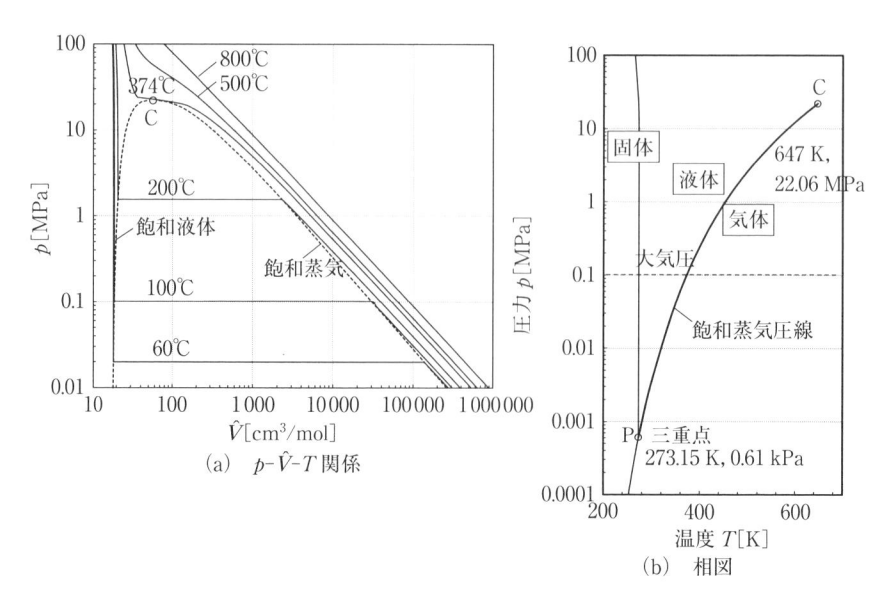

(b) 相図

図 3.12 水の状態図[4] 〈bce71.xls〉

る気体と定義できる．図3.12(a)は水のp-$\hat{V}$-T関係である[4]．臨界点C以下で気液が共存する(平衡にある)温度とそのときの圧力が水平線で示される．この平衡にある温度Tと圧力pの関係を示したのが，図3.12(b)の相図中における飽和蒸気圧線である．したがって飽和蒸気圧線は臨界点(647 K)が上限である．

このような物質の相変化が起こる理由はギブズエネルギーの考察から説明される[1,p.127]．一般に物質の変化はギブズエネルギーGが低くなる方向に生じる．相(気液固)ごとのギブズエネルギーの温度依存性は系のエントロピーSで表される$((\partial G/\partial T)_p = -S)$．気(g)-液(l)間では常に$S(g)>S(l)$である．このため気体のほうが(負の)$G$の勾配が大きいので，温度が上がると必ず気体の$G$が低くなる．よって高温では必ず気相への相変化が生じる．図3.13に水(液相)と水蒸気(気相)のギブズエネルギーの値[4]を示す．高温，低圧ほど気相のGが小さく，この状態となる．この液相と気相の境界が気液共存状態であり，これが蒸気圧曲線である．この相変化の定量的取扱いは，気体の熱容量を取り扱った後で述べる．

図3.14に各種液体の蒸気圧を示す．縦軸が対数目盛で示す蒸気圧である．横軸が温度で，この目盛は水蒸気について飽和蒸気圧と温度の関係が直線にな

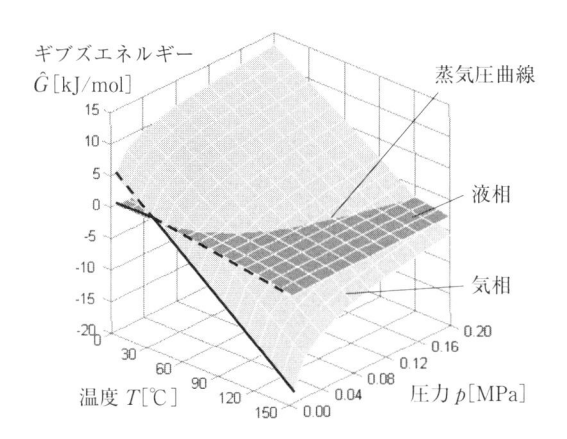

図 3.13 水(液相)と水蒸気(気相)のギブズエネルギー
(0°C液相基準)[4] 〈bce37.xls〉

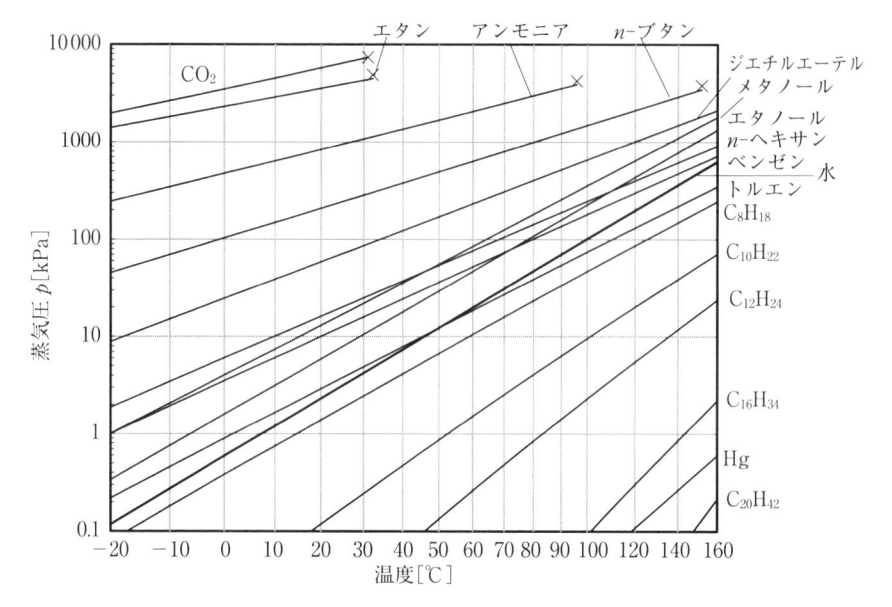

図 3.14 蒸気圧線図(Cox 線図)(× 印が臨界点) ⟨bce70.xls⟩

るようにした特殊温度目盛である．このグラフ上では全ての蒸気圧線が直線で表せる．蒸気圧のこの表示が Cox 線図である．

相律(phase rule)についての考察から純物質の飽和蒸気圧 p は温度のみに依存する[1, p.183]．一般に相境界線の温度に対する勾配はクラペイロンの式(3.16)で表せる[1, p.131]．

$$\frac{dp}{dT} = \frac{\Delta_{vap}\widehat{H}}{T(\widehat{V}(g) - \widehat{V}(l))} \approx \frac{\Delta_{vap}\widehat{H}}{T\widehat{V}(g)} \quad (3.16)$$

($\Delta_{vap}\widehat{H}$ は液体のモル蒸発潜熱)

気体を完全気体と見なすと $\widehat{V}(g) = RT/p$ なので，

$$\frac{dp}{dT} = \frac{\Delta_{vap}\widehat{H}}{T^2 R/p} \quad (3.17)$$

となる．これがクラウジウス-クラペイロンの式[1, p.132]である．例えば水蒸気の場合，飽和蒸気圧 p は 10℃で 1.23 kPa，25℃で 3.17 kPa であり，この温度間で$(dp/dT) = 129$ Pa/K である．一方，右辺は $\Delta_{vap}\widehat{H} = 44.0$ kJ/mol(25℃)な

ので $\dfrac{p\Delta_{\mathrm{vap}}\widehat{H}}{T^2R} = \dfrac{2.2\,\mathrm{kPa}\times 44.0\,\mathrm{kJ/mol}}{(290.65\,\mathrm{K})^2\times 8.314\,\mathrm{J/(mol\cdot K)}} = 138\,\mathrm{Pa/K}$ である．両者はほぼ一致する．

式(3.17)を変数分離して積分すると次式である．

$$\ln p = C_1 - \dfrac{\Delta_{\mathrm{vap}}\widehat{H}}{RT} \tag{3.18}$$

これが物理化学的に予測される蒸気圧と温度の関係である．しかし，この式は仮定を含んでいるため実在物質の蒸気圧を表現するには不十分である．そこで実用上はアントワン式(3.19)が用いられる．

$$\ln p^* = A - \dfrac{B}{(T+C)} \tag{3.19}$$

（水の場合，$A=23.1964$，$B=3816.44$，$C=-46.13$）

ここで，p^*[Pa]が純液体の温度 T における飽和蒸気圧，T[K]が温度で，A，B，C が物質ごとの定数（アントワン定数）である．アントワン定数は物性値表[3]に記載されている．

3.2.2　空気中の水蒸気──部分飽和と湿度，露点，湿度図表──

蒸気圧は温度の関数である，ということは系の圧力（全圧）によらないということである．例えば，密閉容器中の25℃の水は圧力 3.2 kPa の蒸気圧を示し，この圧力で気液が共存する（図 3.15）．その容器を大気開放して全圧を 101 kPa としても，水面上の水蒸気分圧は 3.2 kPa である．また，水蒸気飽和した空気を加圧すると，空気の分圧は増加するが，水蒸気分圧は 3.2 kPa のままで，過剰な水蒸気は凝縮して液相に戻る．

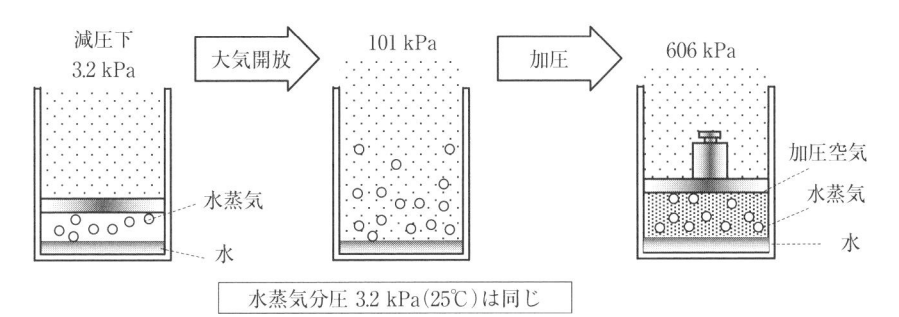

図 3.15　外圧によらず水蒸気圧は一定

78   3 気体・液体の性質

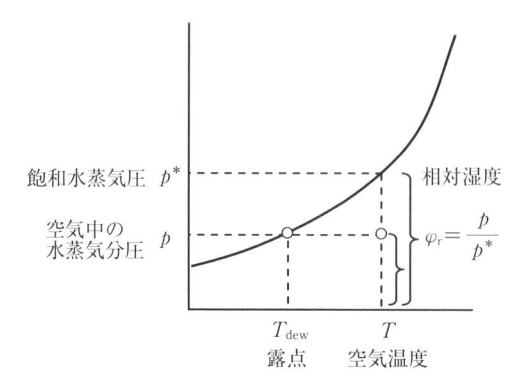

図 3.16 部分飽和と湿度

　気体中の蒸気の分圧 p が，その温度 T における飽和蒸気圧 p^* より低い状態を部分飽和という（図 3.16）．部分飽和の水蒸気を含む空気を湿り空気という．この湿り空気中の水蒸気の濃度が露点と湿度で表示される．

　露点：部分飽和の湿り空気を冷却すると，水蒸気分圧が飽和蒸気圧曲線と交わったところで水の凝縮が始まる．このときの温度を，その空気の露点 T_{dew} という．さらに冷却を続けると飽和空気は飽和蒸気圧曲線に沿って水蒸気分圧を下げ，その分の水が凝縮する．露点はその定義どおり，空気中で冷却した鏡面が曇る温度から測定できる．

　湿度：水蒸気-空気系での部分飽和の表し方が湿度であるが，実用上は各種の湿度がある．これは空気が開放系であるので，湿り空気に関する計算をする場合にその都度便利なように基準がとられるためである．ここでは以下の3つを示す．

① **相対湿度(関係湿度)(relative humidity)**：単純に水蒸気分圧 p とその温度の飽和蒸気圧 p^* の比．これを％で表したのが日常・気象学上の湿度である．明確にするため[% RH]の表示も用いられる．基準が温度変化するので工学計算には不向きである．

$$\varphi_r = \frac{p}{p^*} \tag{3.20}$$

② **絶対湿度 H(absolute humidity)[kg-水蒸気/kg-乾燥空気]**：乾燥空気 1 kg に同伴する水蒸気の量（厳密には乾燥空気 1 kg の占める容積(0.77 m³)中の水蒸気質量）．計算の基準が明確なので工学で普通使用され，工学での「湿度」

はこれをいう．湿度図表は絶対湿度で表されている．大気圧 π と水蒸気分圧 p との関係は次式である．

$$H = \frac{18p}{29(\pi - p)} \tag{3.21}$$

③ 比較湿度(percentage humidity)：空気の絶対湿度 H と，それと同じ温度の飽和空気の絶対湿度 H^* との割合を比較湿度または飽和度という．

$$\varphi_p = \frac{H}{H^*} = \frac{p/(\pi - p)}{p^*/(\pi - p^*)} \tag{3.22}$$

比較湿度＝0％は乾燥空気を，比較湿度＝100％は飽和空気を表している．相対湿度とほぼ同じと取り扱ってよいが，正確には異なる(例えば25℃で相対湿度50％のとき，比較湿度は49.2％)．

湿度図表：湿り空気に関する各種の工学計算には湿度図表が利用される．縦軸に絶対湿度，横軸に温度をとって全圧 101.3 kPa の空気について湿度(相対湿度)を示した図である(図 3.17)．図中の曲線が等湿度線，右下がりの線が等湿球温度線である(湿球温度については後述)．空気の露点がその絶対湿度と湿度 100％の線との交点で表せる．

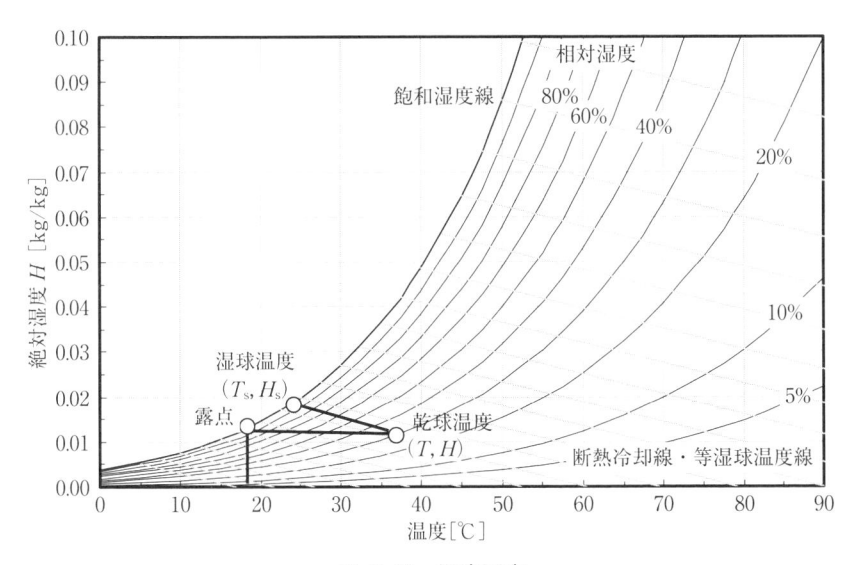

図 3.17 湿度図表

3 気体・液体の性質

【例題 3.4】 湿度と露点 〈bce22.xls〉

空気の温度と相対湿度から絶対湿度と露点を求める Excel シートを作成せよ．

(解) 図 3.18 のシートで，空気温度から飽和水蒸気圧 p^* を求める (B6)．相対湿度から水蒸気分圧を計算して，絶対湿度 (式 (3.21)) を B9 に得る．露点はアントワン式 (3.19) を逆に解いて，p からその飽和蒸気圧の温度を求める (B10)．

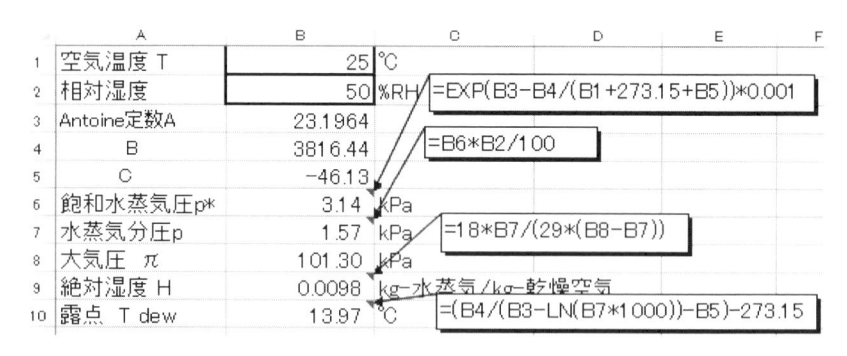

	A	B	C	D	E	F
1	空気温度 T	25	℃			
2	相対湿度	50	%RH	=EXP(B3-B4/(B1+273.15+B5))*0.001		
3	Antoine定数A	23.1964				
4	B	3816.44	=B6*B2/100			
5	C	-46.13				
6	飽和水蒸気圧p*	3.14	kPa			
7	水蒸気分圧p	1.57	kPa	=18*B7/(29*(B8-B7))		
8	大気圧 π	101.30	kPa			
9	絶対湿度 H	0.0098	kg-水蒸気/kg-乾燥空気			
10	露点 T dew	13.97	℃	=(B4/(B3-LN(B7*1000))-B5)-273.15		

図 3.18 絶対湿度と露点の計算

3.2.3 水の凝縮を伴う湿り空気の物質収支

湿り空気の冷却や圧縮操作では水蒸気の凝縮があり，湿度が変化する．そのような物質収支計算では操作前後の基準を乾燥空気にとっておこなうのがよい．このような操作前後の基準を対応成分という．

【例題 3.5】 結 露

日中の大気が 32.2℃ ($p^* = 4.79$ kPa)，相対湿度 80% であった (①)．夜間に 20℃ ($p^* = 2.31$ kPa) になる (②) と日中の空気中の水蒸気の何%が露として析出するか．

(解) 図 3.19 を参照せよ．基準を乾燥空気 1 mol とする．気体では物質量

3.2 水蒸気と湿り空気

```
32.2℃                          20℃
p* = 4.79 kPa                  p* = 2.31 kPa
```

計算基準（対応成分）

乾燥空気 1 mol　　　　　　乾燥空気 1 mol

空気分圧 101 − 3.83　　　　空気分圧 101 − 2.31

水蒸気分圧 p = 3.83 kPa　　水蒸気分圧（飽和） p = 2.31 kPa

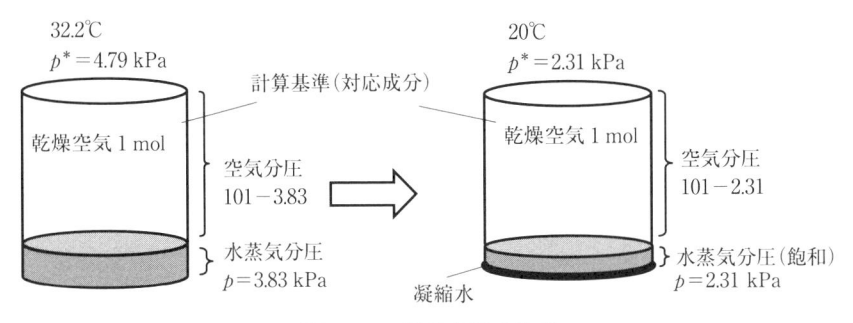

凝縮水

図 3.19　湿り空気の冷却

の比が分圧の比であるので，①乾燥空気に同伴する水蒸気は，$1\,\text{mol} \times \dfrac{4.79 \times 0.8\,\text{kPa}}{101 - 4.79 \times 0.8\,\text{kPa}} = 0.0394\,\text{mol}$．②については水蒸気飽和なので，同伴水蒸気は，$1\,\text{mol} \times \dfrac{2.31\,\text{kPa}}{101 - 2.31\,\text{kPa}} = 0.0234\,\text{mol}$．よって，$\dfrac{0.0394 - 0.0234}{0.0394} = 0.406$ より 41% 凝縮する．

【例題 3.6】　空気の圧縮による除湿

コンプレッサーでは大気圧（π_0）の空気を圧力 π_2 まで圧縮してタンクに貯め，再度，大気圧で取り出す．この過程で空気の湿度がどれだけ低下するか．

（解）　取り入れた空気中の水蒸気分圧を $p_0\,[\text{kPa}]$ とする．基準を乾燥空気 1 mol とすると，これに同伴する水蒸気は $A\,[\text{mol}] = 1 \times \dfrac{p_0}{\pi_0 - p_0}$ である．この空気を圧縮すると空気，水蒸気ともに分圧が増加し，水蒸気分圧が飽和蒸気圧 p^* になる圧力 π_1 で凝縮が始まる（①）．このとき π_1 は $\dfrac{p_0}{\pi_0} = \dfrac{p^*}{\pi_1}$ である．それ以上圧縮しても水蒸気分圧は p^* のままで，全圧のみが増加する．π_2 まで圧縮する（②）と乾燥空気 1 mol に同伴する水蒸気は $B\,[\text{mol}] = 1 \times \dfrac{p^*}{\pi_2 - p^*}$ である．

水を除去して大気圧に戻す（③）と水蒸気分圧 p_3 は $\dfrac{p_3}{\pi_0} = \dfrac{p^*}{\pi_2}$ となる．この過程で空気湿度は $\dfrac{p_0}{p^*} \times 100\,[\%\,\text{RH}]$ から $\dfrac{p_3}{p^*} \times 100\,[\%\,\text{RH}]$ へ低下し，乾燥空気 1 mol あたり $(A - B)\,[\text{mol}]$ の水蒸気が凝縮した．

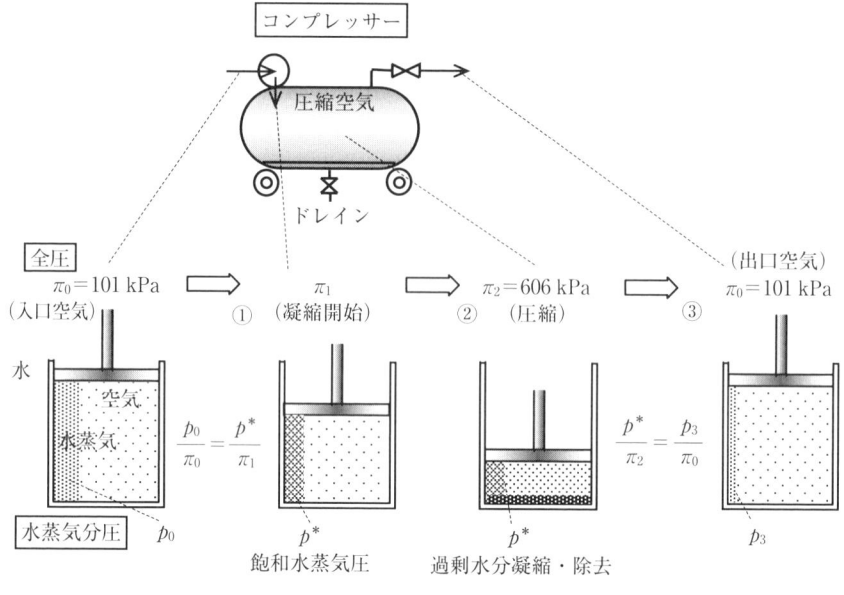

図 3.20 コンプレッサーによる空気の減湿

3.2.4 蒸気圧に対する外圧の影響[1, p.129] ——浸透圧の原理——

湿り空気の計算など，実用的には水蒸気圧は温度のみに依存するとしてよい．しかし厳密には水面をガスで加圧すると，水蒸気圧がわずかに増加する．1成分の気液平衡系で蒸気圧が p^* であるとする．この1成分系の気相に不活性ガスを導入して全圧を ΔP 増やす(図 3.21)．系の圧力は蒸気圧よりかなり大きい ΔP となり，この外圧の効果で元の蒸気圧 p^* は若干増加して p_P となる．この蒸気圧増加は物理化学の理論により求められる[1, p.129]．

系を不活性ガスで dP 加圧したとき，気液両相の化学ポテンシャル変化 $d\mu$ は等しい．

$$d\mu(g) = d\mu(l) \tag{3.23}$$

このとき，液体の化学ポテンシャル変化は全圧 P が関わる．

$$d\mu(l) = \widehat{V}(l) \, dP \tag{3.24}$$

一方，蒸気の化学ポテンシャル変化は蒸気圧(着目成分の分圧) p の変化に依存する．

3.2 水蒸気と湿り空気

図 3.21 蒸気圧に対する外圧の影響

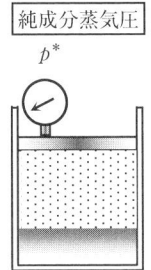

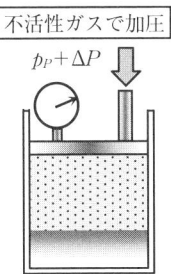

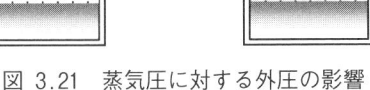

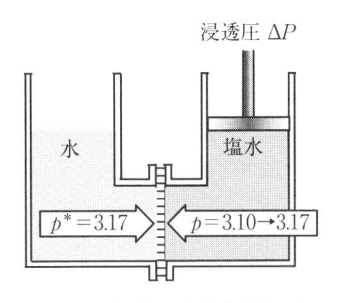

図 3.22 加圧下水蒸気圧による浸透圧の説明

$$d\mu(g) = \widehat{V}(g)\,dp \tag{3.25}$$

これは完全気体では $\widehat{V}(g) = RT/p$ だから，次式のようになる．

$$\frac{RT}{p}dp = \widehat{V}(l)\,dP \tag{3.26}$$

不活性ガスを加えて ΔP 加圧したことによる蒸気側の変化は $p^* \to p_P$，液側の変化は $p^* \to (p_P + \Delta P)$ である（図 3.22）．$(p_P + \Delta P)$ を $(p^* + \Delta P)$ で近似して，上式をこの圧力変化間で積分する．

$$RT\int_{p^*}^{p_P}\frac{dp}{p} = \int_{p^*}^{p^*+\Delta P}\widehat{V}(l)\,dp \tag{3.27}$$

これより，

$$RT\ln\left(\frac{p_P}{p^*}\right) = \widehat{V}(l)\Delta P, \quad \text{すなわち} \quad p_P = p^*\exp\left(\frac{\widehat{V}(l)\Delta P}{RT}\right) \tag{3.28}$$

さらに，$e^x \approx 1+x$ の近似より加圧下の蒸気圧 p_P は次式のように p^* から増加する．

$$p_P = p^*\left(1 + \frac{\widehat{V}(l)\Delta P}{RT}\right) \tag{3.29}$$

この関係を用いて，束一的性質[1, p.155]とよばれる沸点上昇，蒸気圧降下，浸透圧が結びつけられる．

【例題 3.7】浸透圧の由来

海水を NaCl の 3.5 wt% 水溶液として，沸点上昇と蒸気圧降下を求めよ．25℃でこの降下した蒸気圧を純水の蒸気圧まで上げるための外圧 ΔP はいくら

か．$\widehat{V}(l) = 1.89 \times 10^{-5}$ m^3/mol である．

（解）NaCl は解離して 2 分子となるので，3.5 wt% NaCl のモル分率は，$x_B = 0.0224$，質量モル濃度 $b = 1.241$ mol/kg である．水の沸点上昇定数 K_b は 0.51 K/(mol/kg) である[1, p.157] から，3.5 wt% NaCl 水溶液の沸点上昇は $\Delta T = K_b b = 0.63$ K である（図 3.23 ①）．

水の 100.63℃の蒸気圧は 103.55 kPa であるから，NaCl 水溶液が 100.63℃で蒸気圧が 101.3 kPa ということは，3.5 wt% NaCl 水溶液の水蒸気圧は 2.22% 低下している．これが蒸気圧降下である（図 3.23 ②）．

この蒸気圧降下は 25℃でも同じであるので，25℃の水の蒸気圧 $p^* = 3.171$ kPa に対して，3.5 wt% NaCl 水溶液の蒸気圧は $p^* = 3.102$ kPa に低下している．この蒸気圧降下を加圧により補って，純水の蒸気圧 (3.171 kPa) と平衡状態にする（図 3.22，図 3.23 ③）．その圧力 ΔP は式 (3.29) より，$3.171 = 3.102 \times \left(1 + \dfrac{1.89 \times 10^{-5} \Delta P}{8.3145 \times 298}\right)$ を解いて $\Delta P = 2916$ kPa となる．これが 3.5 wt% NaCl 水溶液の浸透圧である．

以上のことを式で書くと，ラウールの法則より，$p = p^*(1 - x_B)$ なので，溶質の存在による蒸気圧降下は，$(p^* - p) = p^* x_B$ である．浸透圧平衡では，こ

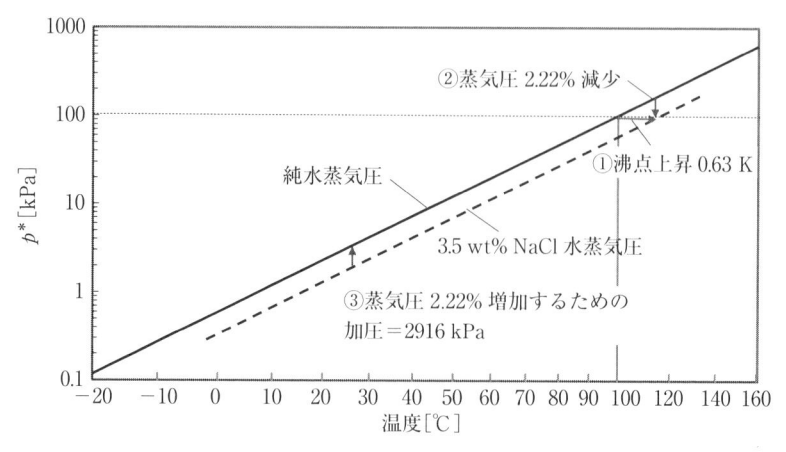

図 3.23 束一的性質——沸点上昇，蒸気圧降下，浸透圧——（NaCl水溶液蒸気圧は減少割合を拡大して示した）〈bce76.xls〉

れが ΔP の加圧による蒸気圧上昇 $(p_P - p^*) = p^* \dfrac{\widehat{V}(l)\Delta P}{RT}$ に等しいということなので，$\Delta P = \dfrac{x_B}{\widehat{V}(l)} RT$（例題の数値例：$\Delta P = \dfrac{0.0224}{1.89 \times 10^{-5}} \times 8.3145 \times 298 = 2937$ kPa）である．この式が浸透圧に関するファントホフの式となる[1, p.159]．

3.3 平衡と分離操作

3.3.1 気液平衡

液体の蒸気圧を基礎に，混合液の気液共存状態（普通は沸騰状態）における両相の組成を取り扱うのが気液平衡である．気液平衡は化学プロセスで最も重要な蒸留操作の原理となっている．ここでは基礎的な2成分系の気液平衡の解析法を述べる．

2成分の混合液が低沸点の成分(1)と高沸点の成分(2)からなるとして，液相の低沸点成分(1)のモル分率を x，蒸気相の低沸点成分のモル分率を y とする．高沸点成分(2)の組成は気液で各々 $(1-x)$，$(1-y)$ である．系の温度を T，その温度での各純成分の蒸気圧を p_1^*，p_2^* とする（図3.24(a)）．

物理化学で理想溶液とは次式の「ラウールの法則[1, p.148]」が成り立つ溶液である．すなわち混合液中の i 成分の蒸気圧 p_i はその純液の温度 T における蒸気圧 p_i^* とモル分率 x_i の積である．

$$p_i = p_i^* x_i \tag{3.30}$$

2成分系では各成分の蒸気圧が，$p_1 = p_1^* x$，$p_2 = p_2^* (1-x)$ なので，溶液の蒸気圧 p_{1+2} は，

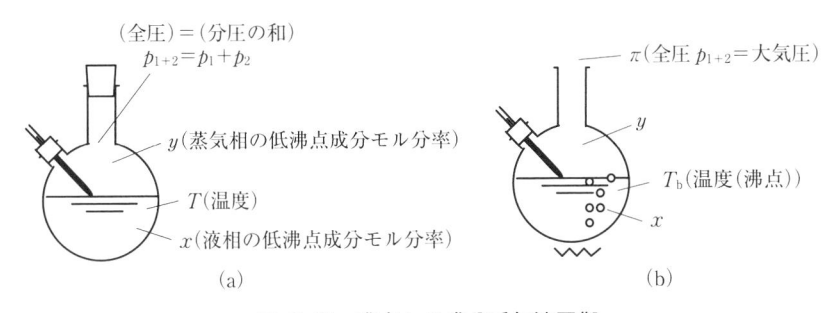

図3.24 沸点と2成分系気液平衡

$$p_{1+2} = p_1^* x + p_2^*(1-x) \tag{3.31}$$

である.溶液がその沸点 T_b にあれば(図 3.24(b)),大気圧を π として次式となる.

$$\pi = p_1^* x + p_2^*(1-x) \tag{3.32}$$

この式は p_i^* が T_b の関数(アントワン式,式(3.19))なので,液組成 x を指定すると,T_b に関する非線形方程式となっている.また,このとき蒸気相組成 y は,次式である.

$$y = \frac{p_1}{p_1 + p_2} = \left(\frac{p_1^*}{\pi}\right) x \tag{3.33}$$

これら T_b,x,y の関係を仮にエタノール(1),水(2)各純成分の蒸気圧を用いて,理想溶液を仮定して示したのが図 3.25 である.図(a)の露点-沸点曲線は各々式(3.32),式(3.33)の関係である.露点-沸点曲線で同じ温度での x-y の値をプロットしたのが,図(b)の x-y 線図である.x-y 線図により 2 成分系の気液組成の関係を簡便に示すことができる.蒸留操作の解析には x-y 線図が用いられる.しかし,x-y 線図では温度の情報が省略されており,線上で温度が変化していることに注意が必要である.

以上の理想溶液では式(3.33)と成分(2)についての同じ関係($(1-y) = (p_2^*/\pi)(1-x)$)から,

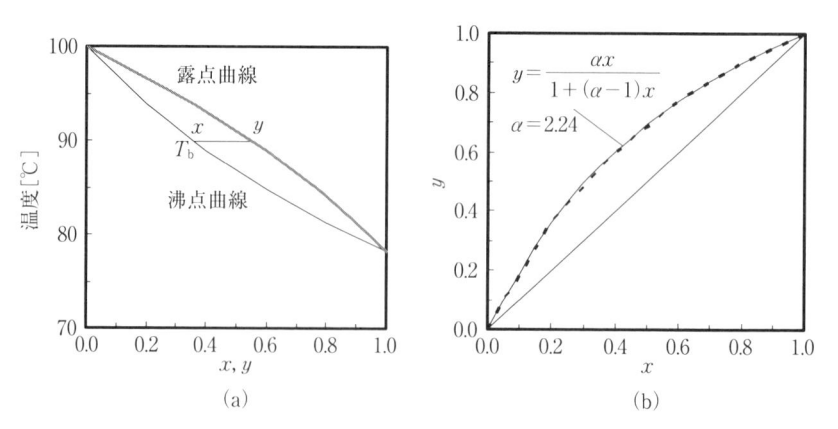

図 3.25 理想溶液の 2 成分系気液平衡(エタノール(1)と水(2)の蒸気圧を使用) 〈bce23.xls〉

$$\frac{y(1-x)}{x(1-y)} = \frac{p_1^*}{p_2^*} (=\alpha) \tag{3.34}$$

である．ここで，両成分の同じ温度 T での蒸気圧の比 α を相対揮発度（比揮発度，relative volatility）という．蒸気圧線図（図 3.14）をみると，蒸気圧線の傾きは液体によらずほぼ等しい．よって，任意の 2 成分系の α は定数に近似可能である．この α を使うと式（3.34）は次式となる．

$$y = \frac{\alpha x}{1+(\alpha-1)x} \tag{3.35}$$

この式で 2 成分系理想溶液の気液平衡が相対揮発度 α を用いて簡便に表せる．図 3.25(b) にエタノールと水蒸気の蒸気圧比（平均値）を $\alpha=2.24$ とした式（3.35）を破線で示す．これと理想溶液の x-y 関係が一致することが示されている．

【例題 3.8】 理想溶液の気液平衡 〈bce23.xls〉

エタノール(1) / 水(2) 混合液について，理想溶液として x-y 線図および沸点-露点曲線図を描け．また，x-y 関係について相対揮発度 α による式と比較せよ．

（解） 計算したシートが図 3.26 である．x の値（**A9：A14**）ごとに全圧

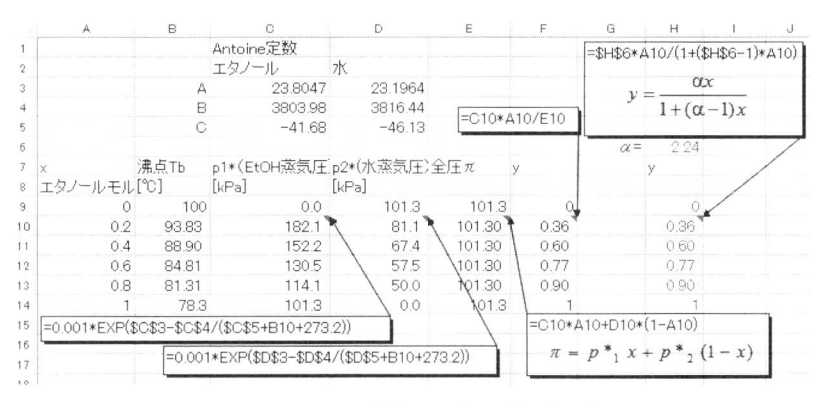

図 3.26 理想溶液の 2 成分系気液平衡

($p_1^* x + p_2^*(1-x)$) を計算し，全圧が大気圧 $\pi=101.3\,\mathrm{kPa}$ になる温度 T_b をゴールシークで求める．また，式(3.35)を H 列で計算した．そのグラフが図 3.25 である．

　混合溶液の理想溶液としての取扱いは，ベンゼン/トルエン系のような似た分子の混合液では適用可能である．しかし実際の溶液は分子間の相互作用のため，成分の蒸気圧がラウールの法則には従わない非理想溶液である．非理想溶液では成分ごとに活量係数(activity coefficient) γ を導入してラウールの法則(式(3.30))を補正して実際の蒸気圧を表す[1, p.163]（$\gamma=1$ が理想溶液である）．

$$p_i = \gamma_i p_i^* x_i \qquad \left(y_i = \frac{p_i}{\pi} \text{なので，} \gamma_i = \frac{\pi y_i}{p_i^* x_i}\right) \tag{3.36}$$

蒸留装置の設計計算では任意の組成で気液平衡を計算する必要がある．このためには活量係数を定式化しなくてはならない．このために熱力学的考察をもとに多くの活量係数式が提案されている．ここでは次式の van Laar 式を挙げる．この式で 2 成分系ごとの 2 つのパラメーター A_{12}，A_{21} により活量係数が計算できる．

$$\log \gamma_1 = \frac{A_{12}}{\{1+(A_{12}/A_{21})(x_1/x_2)\}^2}, \ \log \gamma_2 = \frac{A_{21}}{\{1+(A_{21}/A_{12})(x_2/x_1)\}^2} \tag{3.37}$$

【例題 3.9】　実在溶液の活量係数と活量係数式のパラメーター推定〈bce72.xls〉
　エタノール(1)/水(2)系の気液平衡データ (x, y, T_b) から活量係数を求めよ．求めた活量係数 γ_1, γ_2 から，この系の van Laar 定数 A_{12}，A_{21} を求めよ．

（解）　図 3.28 のシートで A，B，C 列が気液平衡データである．G，H 列で式(3.36)を計算することで，データごとの活量係数が得られる．このエタノール，水の両成分の活量係数値を図 3.27(c)に示す．両成分とも活量係数は低濃度で大きく，高濃度で活量係数も 1 になる．

　次いでセル I1，I2 を仮の van Laar 定数として，I，J 列に，それと x から γ

3.3 平衡と分離操作

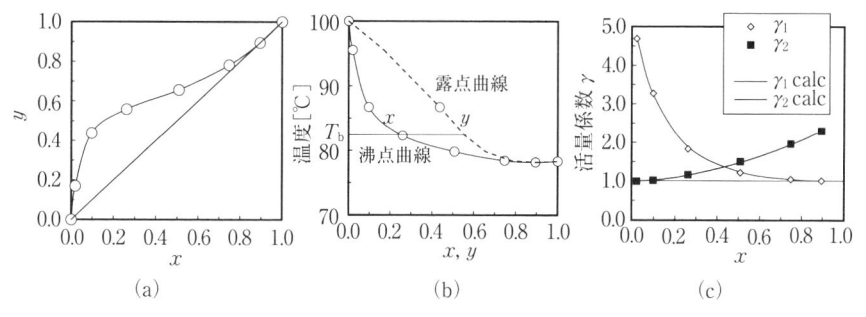

図 3.27 エタノール／水系の気液平衡 〈bce72.xls〉

図 3.28 エタノール／水系の活量係数の計算 〈bce72.xls〉

を求める．データから求められた活量係数 γ_1，γ_2 と van Laar 式との残差を K，L 列につくり，M16 にその残差 2 乗和を計算する．ソルバーにより M16 を最小化する I1：I2 を求めることで van Laar 定数が得られる．式(3.37)による活量係数推算値とデータとの比較を図 3.27(c)に示す．

活量係数式を使うことで，2 成分系混合液の気液平衡計算（沸点計算）は次式の沸点 T_b に関する非線形方程式を解く問題となる（理想溶液の式(3.32)と比

較せよ).

$$\pi = \gamma_1 p_1^* x + \gamma_2 p_2^* (1-x) \tag{3.38}$$
$$(\gamma_1 = 10^{A_{12}/(1+xA_{12}/((1-x)A_{21}))^2}, \quad \gamma_2 = 10^{A_{21}/(1+(1-x)A_{21}/(xA_{12}))^2},$$
$$p_1^* = e^{\left(A_1 - \frac{B_1}{T_b + C_1}\right)}, \quad p_2^* = e^{\left(A_2 - \frac{B_2}{T_b + C_2}\right)})$$

ここで，各成分の純成分蒸気圧 p^* はアントワン式を，活量係数 γ は van Laar 式を用いた．

【例題 3.10】 気液平衡推算 〈bce73.xls〉

例題 3.9 で得られた van Laar 定数 A_{12}, A_{21} からエタノール／水系の気液平衡を計算せよ．

（解）図 3.29 のシートで，仮の温度 (B10) と指定の組成 x (A10) から両成分の蒸気圧をセル C10：D10 に計算し，式 (3.38) の右辺をセル G10 に記述する．ゴールシークで，数式入力セルに G10，目標値に全圧の 101.3 kPa，変化させるセルに B10 (沸点) を指定して実行する．沸点が求められ，H10 に蒸気組成 y が得られる．x ごとに計算を繰り返してエタノール／水系の気液平衡が推算できる．計算結果を図 3.27(a)，(b) 中の実線，破線でデータと比較した．活量係数式により気液平衡データが再現されている．

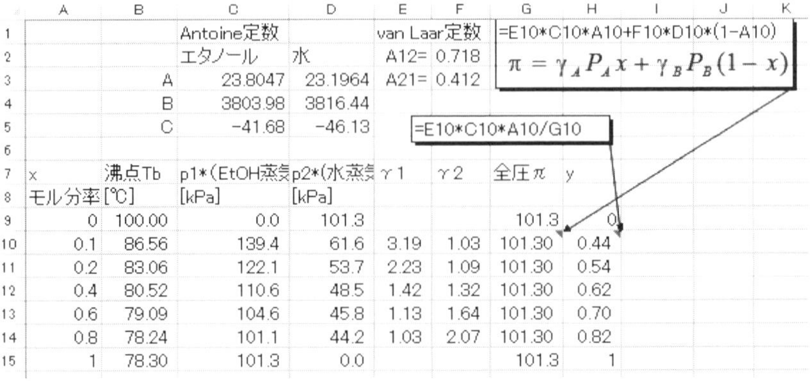

	A	B	C	D	E	F	G	H
1			Antoine定数		van Laar定数		=E10*C10*A10+F10*D10*(1-A10)	
2			エタノール	水	A12=	0.718	$\pi = \gamma_A P_A x + \gamma_B P_B (1-x)$	
3		A	23.8047	23.1964	A21=	0.412		
4		B	3803.98	3816.44				
5		C	-41.68	-46.13				
6					=E10*C10*A10/G10			
7	x	沸点Tb	p1*(EtOH蒸気)	p2*(水蒸気)	$\gamma 1$	$\gamma 2$	全圧 π	y
8	モル分率	[℃]	[kPa]	[kPa]				
9	0	100.00	0.0	101.3			101.3	0
10	0.1	86.56	139.4	61.6	3.19	1.03	101.30	0.44
11	0.2	83.06	122.1	53.7	2.23	1.09	101.30	0.54
12	0.4	80.52	110.6	48.5	1.42	1.32	101.30	0.62
13	0.6	79.09	104.6	45.8	1.13	1.64	101.30	0.70
14	0.8	78.24	101.1	44.2	1.03	2.07	101.30	0.82
15	1	78.30	101.3	0.0			101.3	1

図 3.29 エタノール／水系の気液平衡推算 〈bce73.xls〉

3.3.2 気体・蒸気/液体間平衡——吸収平衡,ヘンリー定数——

気体・蒸気成分(A)の気(B)-液(C)間の分配関係が吸収平衡である.気体・蒸気成分の気液間の分配は実際には気相成分(B)にかかわらず,目的成分(A)の気相側の濃度と液相側の溶解濃度の関係のみで示される(図3.30).これがヘンリーの法則として,物理化学では最も重要な関係のひとつである[1, p.149].ヘンリーの法則には実際の使用に応じて種々の表示法がある.気相中の成分(A)の分圧 p [Paまたはatm]と,それに平衡な液相中のモル分率 x で次式のように表すのが代表的である.

$$p = Hx \tag{3.39}$$

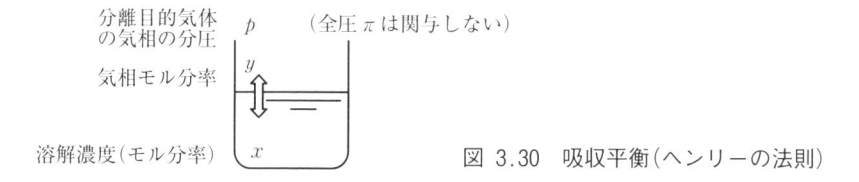

図 3.30 吸収平衡(ヘンリーの法則)

この定義で H [atm/モル分率]がヘンリー定数である.ヘンリーの法則が成り立つ範囲では1点の溶解度のデータで H が決定できるので,気体の分圧が1 atm(101 kPa)の場合の平衡溶解度 x の値で示すことが多い.図3.31に(1 atm/$H = x$)で表示した水への各種気体の溶解度の温度依存性を示す.一般に気体の溶解度は温度が上がると低下する.

溶解度の大きい蒸気成分のヘンリー定数については,溶質としての活量係数から概算することができる.吸収蒸気を成分(1),吸収液を成分(2)とすると,吸収平衡の状態は2成分気液平衡で $x_1 \to 0$, $x_2 \to 1$ の極限と考えられる.このとき $x_1 \to 0$ における吸収蒸気の活量係数を無限希釈活量係数 γ_1^0 とする.例えば,図3.32(a)にメタノール(1)/水(2)系の気液平衡における活量係数を示す.図中のメタノール(1)の活量係数 γ_1 を $x_1 \to 0$ に外挿して無限希釈活量係数 γ_1^0 が求められる.するとこのメタノール希薄範囲での蒸気圧は次式に近似できる.

$$p_1 = \gamma_1^0 p_1^* x_1 \tag{3.40}$$

これと式(3.39)との比較から,

$$H = \gamma_1^0 p_1^* \tag{3.41}$$

92   3 気体・液体の性質

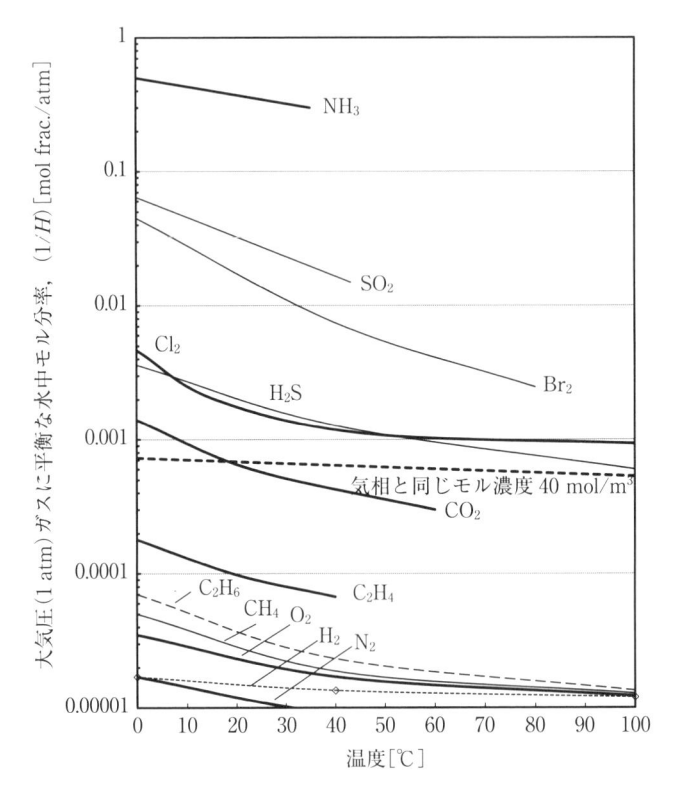

図 3.31 各種気体の水への溶解度，ヘンリー定数 H と温度依存性[8,p.177]

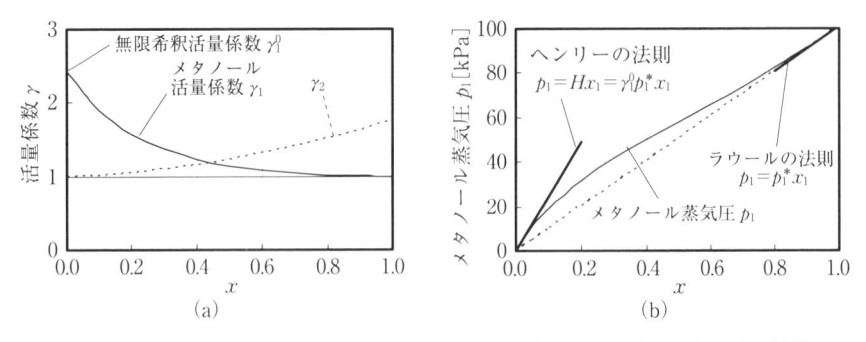

図3.32 メタノール(1)/水(2)系気液平衡(大気圧)における無限希釈活量係数，ヘンリーの法則，ラウールの法則の関係

表 3.3 無限希釈活量係数とヘンリー定数

溶解蒸気(1) 溶媒(2)	アセトン 水	メタノール 水
成分(1)の無限希釈活量係数 γ_1^0	10.81	2.25
温度[℃]	30	20
純成分(1)蒸気圧 p_1^* [kPa]	38.43	8.01
ヘンリー定数推算値 H[kPa]$=\gamma_1^0 p_1^*$	381.6	19.5
ヘンリー定数実測データ H[kPa]	275.5	19.2

となり,ヘンリー定数は溶質の蒸気圧 p_1^* と無限希釈活量係数 γ_1^0 から求められる(なお,濃度の濃い $x_1 \to 1$ の付近ではラウールの法則が成り立つ[1, p.150])(図3.31(b))).表3.3にはメタノール蒸気(20℃)およびアセトン蒸気(30℃)の水への溶解平衡について,無限希釈活量係数 γ_1^0 から推算したヘンリー定数 H[kPa]の値および実測データを比較して示す.無限希釈活量係数は活量係数データの外挿や活量係数式から求められるが,厳密な値は求めにくい.そのため一般にはこの方法によるヘンリー定数の推算は参考程度にとどまる.

3.3.3 2液相間の溶質の分配——液液平衡——

抽出操作はある成分(C)の溶液(A+C)に,それと混じり合わない抽剤(B)を混合して,抽剤中に成分(C)を溶解させて分離する操作である.原液と抽剤を混合・撹拌後に抽出相(extract)と抽残相(raffinate)に2相分離し,抽出相中に,原液中の分離目的成分を回収する.液液抽出では分離目的成分(C)の(A),(B)2液相間の分配平衡(組成の違い)が分離の基礎となる.

具体的に酢酸(分離目的成分)(C)/水(B)/ベンゼン(A)系で分配平衡を考える.平衡後のベンゼン相(R)と水相(E)の各成分の組成を図3.33の記号で表す.これら平衡2相の組成を濃度を変えて測定した12組の液液平衡データを直角三角図上に示したのが液液平衡図3.34である.この平衡図で,点を結んだ曲線を溶解度曲線,平衡な2点を結ぶ線を対応線(タイライン:tie line)という.また,抽質(酢酸)の濃度を増すと,対応線の両端が一致する点に至る.この点をプレートポイント(plate point)とよび,この点以上の抽質濃度では3成分が1相となる(グラフの点Pで示す).

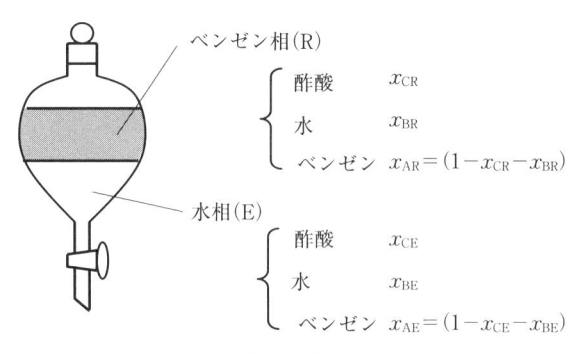

図 3.33 液液平衡の濃度表示

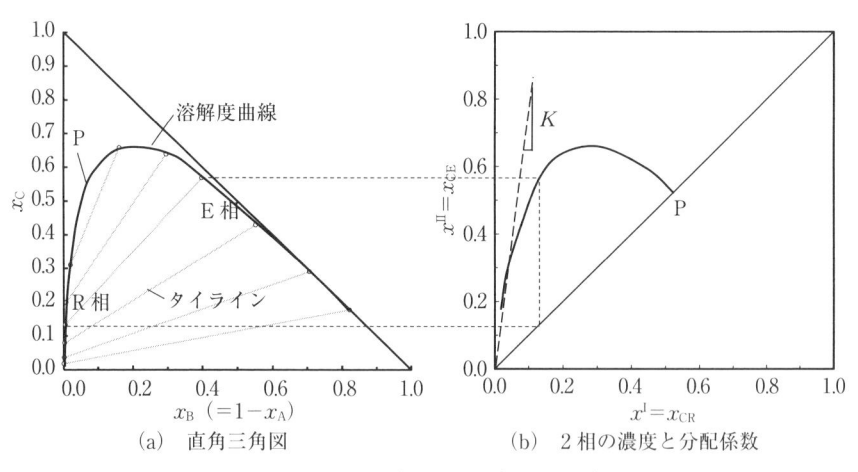

図3.34 液液平衡の表示〈bce74.xls〉

(a) 直角三角図
(b) 2相の濃度と分配係数

溶解度曲線で，タイライン上の原液相（Ⅰ）と抽剤相（Ⅱ）中の分離目的成分の組成をそれぞれ x^{I}，x^{II} としてこれらを直交座標にプロットすると図3.34(b)のような曲線が得られる．これを分配曲線(distribution curve)という．また，x^{I}，x^{II} の比：$K=(x^{\mathrm{II}}/x^{\mathrm{I}})$ が分配係数(distribution coefficient)K である．一般に抽質の濃度が小さい範囲では分配曲線が原点を通る直線で近似され，その傾きが K となる．この関係を分配法則という．分配係数 K が抽剤の抽出性能の指標となる．

3.3 平衡と分離操作

液液平衡は基礎的には両相で溶質の蒸気圧(式(3.36))が等しいという条件：

$$\gamma_1^{\mathrm{I}} p_1^* x^{\mathrm{I}} = \gamma_1^{\mathrm{II}} p_1^* x^{\mathrm{II}} \tag{3.42}$$

で表せる．すると分配係数は

$$K = \frac{x^{\mathrm{II}}}{x^{\mathrm{I}}} = \frac{\gamma_1^{\mathrm{I}}}{\gamma_1^{\mathrm{II}}} \tag{3.43}$$

である．すなわち，分配係数は溶質の両溶媒中の活量係数の比となる．

【例題 3.11】 活量係数と分配係数 〈bce74.xls〉

水(Ⅰ)とベンゼン(Ⅱ)2相系における溶質 n-プロパノールの分配が図3.35のように測定されている．2成分系気液平衡をもとに理論的な分配係数(式(3.43))を求めよ．

(解) n-プロパノール(1)/水(2)系(Ⅰ)，ベンゼン(1)/n-プロパノール(2)系(Ⅱ)の2成分系気液平衡から活量係数を求め[6, p.21]，$\gamma_1^{\mathrm{I}} x^{\mathrm{I}} = \gamma_1^{\mathrm{II}} x^{\mathrm{II}}$ となるような両相の n-プロパノールの組成 x^{I}，x^{II} の関係を求める．例えば，系(Ⅰ)では $x=0.05$ で $\gamma_1=8.17$，系(Ⅱ)では $x=0.168$ で $\gamma_1=2.43$ であり，このとき式(3.42)の平衡となり，$K=3.36$ である(表3.4)．濃度を変えて求めた結果を図3.35中の実線で示す．この分配係数の推算法は近似的なものである．しかし，各2成分系の気液平衡が得られない場合でも溶解度パラメーターから活

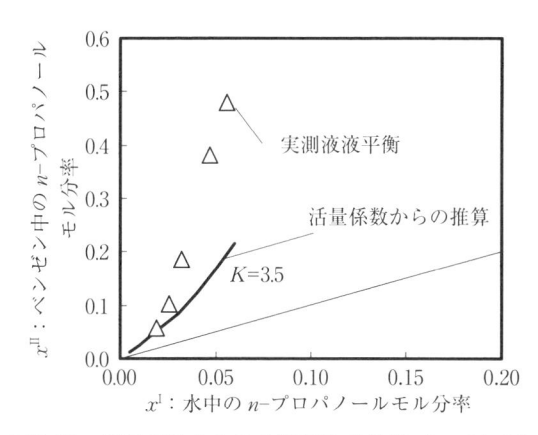

図3.35 活量係数からの分配係数の推算 〈bce74.xls〉

表 3.4　n-プロパノールの活量係数と分配係数

n-プロパノール(1)/ 水(2)系			n-プロパノール(1)/ ベンゼン(2)系			
x^{I}	γ_1	$\gamma_1 x^{\mathrm{I}}$	$\gamma_1 x^{\mathrm{II}}$	x^{II}	γ_1	K
0.05	8.17	0.409	0.409	0.168	2.43	3.36

量係数が推定可能なので，分配係数の概略値の推定に使うことができる．

3.3.4　分離プロセスと相平衡

以上，気液平衡，吸収平衡，液液平衡を述べたが，物理化学的な相平衡は他にも多くの種類がある．化学プロセスにおける分離操作では，その基礎となる相平衡の種類に応じて実際の装置や操作法が異なる．これが分離プロセスに蒸留，吸収など多数の単位操作(unit operation)がある理由である(図 3.36)．

最も基礎的な相平衡は **蒸気圧** である．蒸気圧は純液体成分の気相への分配平

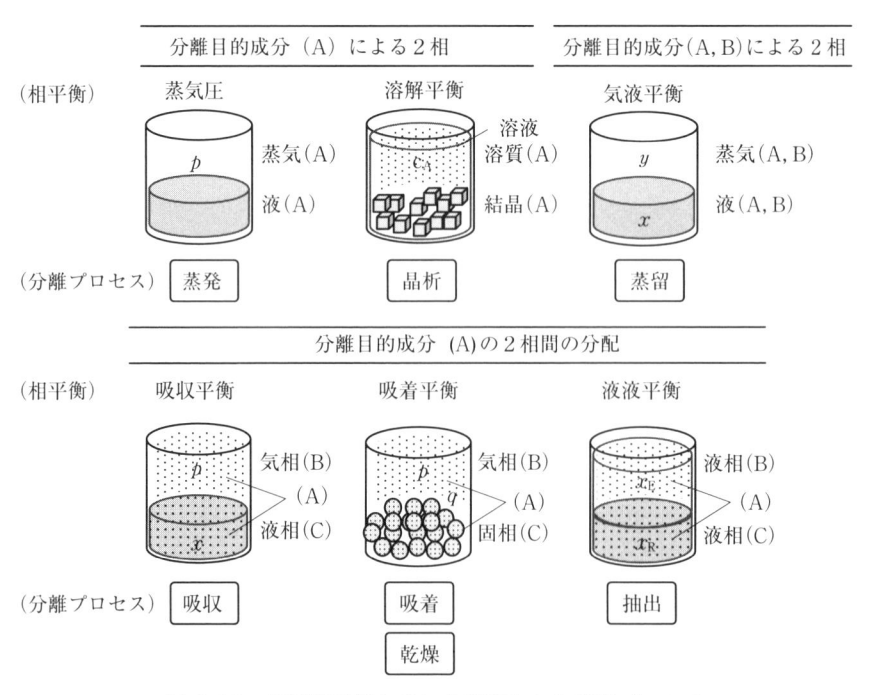

図 3.36　各種相平衡とそれを基礎とした分離プロセス

衡を示す．蒸気圧を利用する分離プロセスが**蒸発操作**である．また，これに類似の，純固体成分の液相への分配平衡が**溶解平衡**であり，固体結晶物の溶解平衡を利用した分離プロセスが**晶析操作**である．晶析操作においては液相から固相へ溶質の物質移動が起こるが，その濃度推進力は液相溶質(結晶成分)の過飽和度である．

2成分以上の混合液における気相–液相間の濃度の違いが**気液平衡**である．混合液から蒸気を発生させると，各成分の蒸気圧(揮発度)の差により気液間に成分の濃度差が生じる．**蒸留操作**は，この気液平衡を利用した分離プロセスである．

以上の平衡は分離目的成分(A)が2相を形成していたが，それ以外の多くの分離プロセスでは，分離目的成分(A)とは異なる成分による2相(B, C)を利用する．この場合，分離目的成分(A)は希薄成分であり，この成分が2相間に異なる濃度で分配されることで濃度差が生じる．分離プロセスでは，この濃度差を生じさせる相・成分(吸収液や固体吸着剤)のことを分離材(separation agent)とよんでいる．

吸収平衡は気(B)–液(C)間の気体・蒸気(A)の分配である．吸収平衡を利用して，気相中の成分を吸収液中に移動させる操作が**吸収操作**である．

吸着平衡は気(B)–固(C)および液(B)–固(C)間の成分(A)の分配である．吸着平衡を利用して，固体吸着剤で気–液相から成分(A)を分離するプロセスが**吸着操作**である．なお，同じ吸着(収)平衡を利用して，逆に固相中の成分(A)を気相に移動させる操作が**乾燥操作**である．

図3.36の最後に示すのが，混じらない2液相間での分離目的成分(A)の分配であり，これが**液液平衡**である．液液平衡を利用した分離プロセスが**抽出操作**である．

演習問題

【3.1】(非理想気体) 下表の気体につき,温度 $T=400$ K,圧力 $p=220$ atm のとき,モル容積 $\widehat{V}[\mathrm{cm^3/mol}]$ を次の3つの方法で計算せよ.

① 理想気体の法則:$p\widehat{V}=RT(R=82.06\ \mathrm{cm^3\cdot atm/(K\cdot mol)})$で計算する.

② ファンデルワールス式:$\left(p+\dfrac{a}{\widehat{V}^2}\right)(\widehat{V}-b)=RT$ より求める(非線形方程式解法).

③ 対臨界温度 $T_\mathrm{r}=\dfrac{T}{T_\mathrm{c}}$,$p_\mathrm{r}=\dfrac{p}{p_\mathrm{c}}$ を計算して,z 線図より圧縮因子 z を求め,$p\widehat{V}=zRT$ で計算する.

	臨界圧力 p_c[atm]	臨界温度 T_c[K]	$a[\mathrm{atm(cm^3/mol)^2}]$	$b[\mathrm{cm^3/mol}]$
二酸化炭素	72.9	302.4	3.60×10^6	42.8
エタン	48.2	305.4	5.50×10^6	65.1
エチレン	50.5	283.1	4.48×10^6	57.2
空気	37.2	132.5	1.33×10^6	36.6
酸素	49.7	154.4	1.36×10^6	31.9

【3.2】(圧縮因子) 容積 80 000 m³(8万 kL)のLNGタンクにメタンが −160℃(113 K)で貯蔵されている.この状態のメタンの気液モル容積を求めよ.タンク内は液体として,その量を求めよ.

【3.3】(コンプレッサーによる除湿) 気温 25℃,気圧 $\pi_0=101$ kPa にある空気の相対湿度が 60% RH であった.

(a) この空気の露点を求めよ.

(b) この空気を等温で圧縮すると水蒸気が最初に凝縮するときの圧力 π_1[kPa]はいくらか.

(c) さらにコンプレッサーで $\pi_2=606$ kPa まで圧縮すれば,コンプレッサー出口空気(101 kPa)の相対湿度はどうなるか.その露点を求めよ.

(d) この過程で乾燥空気 1 mol 基準で何%の水が除去されたか.

4 エネルギー収支

4.1 熱力学第一法則とエンタルピー変化
4.1.1 熱力学第一法則
熱力学第一法則とはエネルギー保存則のことで,エネルギーは新たに創り出すことも消滅させることもできないことを述べている.

エネルギー保存の概念は19世紀半ばにJ. P. JouleやJ. R. von Mayerらによって確立された.さらにエネルギーと質量とは形態が違った同一物であることがA. Einsteinによって示された.この関係は$\Delta E = c^2 \Delta m$である(E:エネルギー,m:質量,c:光速度2.998×10^8 m/s).しかし,一般の化学反応の代表として炭化水素の燃焼反応を例にとれば,燃焼により発生するエネルギーは$\Delta E = 50$ MJ/kg程度であり,これは上式によると$\Delta m = 0.6 \times 10^{-9}$ kg/kgである.よって,核反応以外の化学プロセスにおいては実験的に観察される精度で物質保存則とエネルギー保存則が個別に成立するとしてよい.

ある閉じた系について,熱力学第一法則は次の形式で表せる.

$$(\Delta U + \Delta K + \Delta P) + (Q + W) = 0 \quad [\text{J}] \tag{4.1}$$

左の項は系内の物質量に伴う全エネルギーで,内部エネルギーU,運動エネルギーK,位置エネルギーPに分ける.この系内のエネルギーは2つの様式,熱(Q)と仕事(W)によって系の境界を通して輸送される(図4.1).

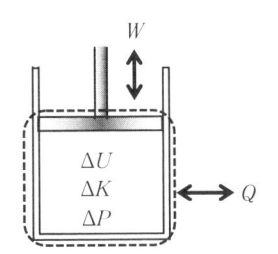

図 4.1 閉じた系のエネルギー収支

内部エネルギー U は系内の質量 m の分子によって維持される全てのエネルギーを意味する．内部エネルギーには，原子核のまわりを回転している電子の運動エネルギー，核と電子あるいはこれら相互間の引力による静電気ポテンシャルエネルギー，分子内電子の振動エネルギー，多原子分子の回転運動エネルギー，分子間力によるポテンシャルエネルギー，個々の分子の運動エネルギーなどが含まれる．内部エネルギーは物質の状態（温度,圧力,組成）の関数である．なお，理想気体の内部エネルギーは圧力に依存せず，温度だけで決まるとする．

運動エネルギー K は物体の重心の運動の特性であり，質量 m の重心が速度 v で移動すると，

$$K = \frac{1}{2}mv^2 \tag{4.2}$$

である．個々の分子の運動エネルギーは含まない．また，重力加速度が g である重力場における高さ z の質量 m の物体の**位置エネルギー** P は，

$$P = mgz \tag{4.3}$$

である．

【例題 4.1】 機械的エネルギーの大きさ

質量 1 kg の物体が高さ 2.87 m の位置で 7.5 m/s の速度で動いている．物体のもつエネルギーはいくらか．

（解）基準を速度 0 m/s, 位置 0 m とすると，運動エネルギーは

$$\Delta K = \frac{1}{2}mv^2 = \frac{1}{2} \times 1\,\text{kg} \times \left(7.5\,\frac{\text{m}}{\text{s}}\right)^2 = 28.1 \left|\frac{\text{kg} \cdot \text{m}^2}{\text{s}^2}\right| \frac{\text{J}}{\text{kg} \cdot \text{m}^2/\text{s}^2} = 28.1\,\text{J}$$

また，2.87 m の位置の質量 1 kg の物体の重力による位置エネルギーは次式である．

$$\Delta P = mg\Delta z = 1 \times 9.8 \times 2.87 = 28.1\,\text{J}$$

この例題のように，機械的エネルギーの大きさ（数十 J）に対して，例えば，1 kg の水を 10℃ 加熱するのに必要な熱は 10 kcal = 41.8 kJ である．一般に相変化や化学反応を含むプロセスでは，内部エネルギーの変化 ΔU は質量 1 kg

あたり数百〜数千 kJ 程度もある．よって，化学プロセスでは機械的エネルギー変化(ΔK や ΔP)は無視できることがわかる．

系が外界とやりとりするエネルギーのうち，**熱** $Q[\text{J}=\text{N}\cdot\text{m}]$ は系がある状態から他の状態へ変化が生じたとき吸収する熱で，熱伝導や放射などの機構で高温域から低温域に移動するエネルギーである．**仕事** W は系が受ける仕事で，仕事には容積仕事，機械的軸仕事，電気的仕事があるが，ここでは仕事は変位 l と力 F の積である容積仕事のみを扱う．圧力 p のもとで，系の容積が V_1 から V_2 に変化したときに系が受ける仕事 W を次式で定義する．

$$dW = -f(\text{力}) \times dl(\text{無限小距離}) = -p(\text{圧力})A(\text{面積})dl = -pdV \tag{4.4}$$

$$W = \int_{V_1}^{V_2} pdV \quad [\text{Pa}\cdot\text{m}^3 = (\text{N/m}^2)\cdot\text{m}^3 = \text{N}\cdot\text{m}] \tag{4.5}$$

理想気体の法則は $pdV = W = nR\Delta T$ なので，これにより，気体定数 R の別の意味が "0℃，1気圧で 1 mol の気体の温度が 1 K 上昇したときに周囲に対してする仕事が $0.082\,\text{atm}\cdot\text{L} = 8.3\,\text{J}$" となる．

【例題 4.2】 インジケータ線図 〈bce26.xls〉

4シリンダーの4サイクルエンジンが 2800 rpm (round per minute) で動いている．圧縮・膨張行程でのシリンダ内の容積 $V[\text{m}^3]$ と圧力 $p[\text{Pa}]$ の関係が図 4.2 のようであった(インジケータ線図)．エンジンの出力を求めよ．

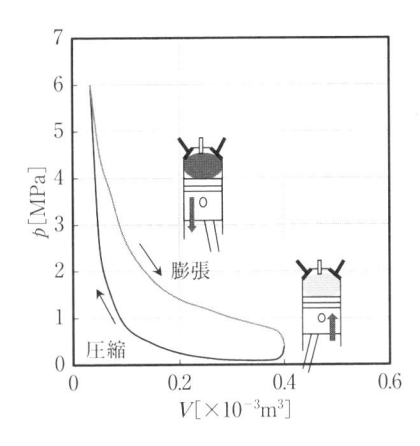

図 4.2 エンジンのインジケータ線図と容積仕事

(解) V–p 図で曲線と x 軸で囲まれた面積が仕事となる．圧縮曲線と膨張曲線下の面積の差が，外部になされる仕事 W である．この面積を図積分で求めると，0.435 であり，

$$W = 0.435 \times (10^6 \text{ Pa}) \times (10^{-3} \text{ m}^3) = 435 \text{ Pa·m}^3 = 435 \text{ (N/m}^2) \cdot \text{m}^3$$
$$= 435 \text{ N·m} = 435 \text{ J}$$

である．エンジン 1 回転ごとに 2 つのシリンダーが働くので，エンジンの出力は

$$435 \text{ J} \times 2 \times (2800/60 \text{ s}) = 40.5 \times 10^3 \text{ J/s} = 40.5 \text{ kW}$$

である．このように，一般にエンジンの出力（パワー）はシリンダーの容積と圧縮比に単純に依存する．

化学プロセスでは運動エネルギー K，位置エネルギー P が無視できるので，第一法則(式(4.1))は次の簡単な形式となる．

$$-Q = \Delta U + W = \Delta(U + pV) \quad [\text{J}] \tag{4.6}$$

$H = U + pV$ をエンタルピーと名づける．容積一定のもとでの系の熱の出入りは系の内部エネルギー変化に等しい．

$$-Q = \Delta U \tag{4.7}$$

一方，圧力一定で容積が変化する場合(定圧過程)では，熱の出入りは系のエンタルピー変化に等しい．

$$-Q = \Delta H \tag{4.8}$$

化学反応，相平衡(融解，蒸発)を含む化学プロセスでは圧力一定の後者の変化が多い．例えば気体の場合では，系に加えた熱 Q は温度上昇(内部エネルギー U)と容積変化による外部への仕事 pV に使われるが，その熱をもって，系のエネルギー変化をエンタルピー変化 ΔH として表示する．

【例題 4.3】 蒸発変化の ΔH, ΔU

水 1 mol を沸点で蒸発させる場合のエンタルピー変化 ΔH および内部エネルギー変化 ΔU を求めよ．水の蒸発潜熱は 40.7 kJ/mol である．

(解) 蒸発潜熱が定圧下のエンタルピー変化であるので $\Delta H = -Q = 40.7$ kJ．容積変化による仕事は $\Delta V \fallingdotseq$ (水蒸気容積) として，$p\Delta V = 101 \text{ kPa} \times 0.0224 \text{ m}^3$

×(373/273)＝3.1 kJ．よって $\Delta U = \Delta H - p\Delta V = 37.6$ kJ．

4.1.2　気体の熱容量とエンタルピー変化

化学プロセスは流体の加熱・冷却を主要な操作としているので，プロセスの設計や経済評価において気体のエンタルピー変化量の把握が重要である．

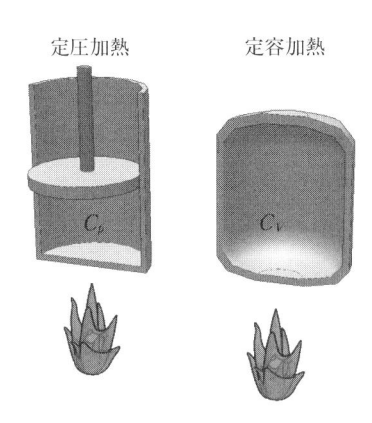

図 4.3　気体の定圧加熱と定容加熱

系に出入りする熱量と系の温度変化量との比例定数が熱容量である．気体は圧力一定の変化では容積仕事をするので，圧力一定の変化と容積一定の変化で，熱容量が異なり，各々定圧熱容量 C_p と定容熱容量 C_V として区別する(図4.3)．それらの定義は次式である．

定圧熱容量：$C_p = -\left(\dfrac{\partial \widehat{Q}}{\partial T}\right)_p = \left(\dfrac{\partial \widehat{H}}{\partial T}\right)_p = \left(\dfrac{\partial \widehat{U}}{\partial T}\right)_p + p\left(\dfrac{\partial \widehat{V}}{\partial T}\right)_p \left[\dfrac{\text{J}}{\text{mol}\cdot\text{K}}\right]$ (4.9)

定容熱容量：$C_V = -\left(\dfrac{\partial \widehat{Q}}{\partial T}\right)_V = \left(\dfrac{\partial \widehat{U}}{\partial T}\right)_V \left[\dfrac{\text{J}}{\text{mol}\cdot\text{K}}\right]$ (4.10)

化学プロセス計算でおもに用いるのは定圧熱容量 C_p である．完全気体では U は温度のみの関数なので，$\left(\dfrac{\partial \widehat{U}}{\partial T}\right)_p = \left(\dfrac{\partial \widehat{U}}{\partial T}\right)_V = C_V$ である．また，$p\widehat{V} = RT$ を温度で微分すると，$\widehat{V}\left(\dfrac{\partial p}{\partial T}\right)_p + p\left(\dfrac{\partial \widehat{V}}{\partial T}\right)_p = p\left(\dfrac{\partial \widehat{V}}{\partial T}\right)_p = R$ である．これらを C_p の定義式(4.9)に代入して，C_p と C_V の次の簡単な関係が得られる[1, p.46]．

$$C_p = \left(\dfrac{\partial \widehat{U}}{\partial T}\right)_p + p\left(\dfrac{\partial \widehat{V}}{\partial T}\right)_p = C_V + R \quad (4.11)$$

完全気体の定圧熱容量 C_p は定容熱容量 C_V より気体定数 $R = 8.31\,\mathrm{J/(mol\cdot K)}$ 分大きい．

【例題 4.4】　C_p と C_V

1 mol の He を 25℃ から 100℃ までピストンに入れて大気圧下で加熱する場合 (Q_p) と，オートクレーブ(圧力容器)に入れて加熱する場合 (Q_V) とに要する熱をそれぞれ求めよ．$C_p = 20.8\,\mathrm{J/(mol\cdot K)}$ とする．

（解）定義より $-Q_p = \Delta H = 20.8 \times (373 - 298) = 1.59\,\mathrm{kJ}$．また，式(4.11)の関係から $-Q_V = \Delta U = (20.8 - 8.31) \times (373 - 298) = 0.94\,\mathrm{kJ}$ である．

【例題 4.5】　比熱比 γ

定圧熱容量 C_p と定容熱容量 C_V の比を比熱比 γ という．空気の比熱比は，$\gamma = \dfrac{C_p}{C_V} = 1.4$ である．空気を一定圧力で熱するとき，与えたエネルギー Q のうち，圧力に逆らって体積膨張させるために要したエネルギーの割合を求めよ．

（解）空気の温度が ΔT 上昇したとき，空気 1 mol が吸収した熱量は，$-Q = 1 \times C_p \Delta T$．体積膨張による仕事は，$(1\,\mathrm{mol} \times p\Delta \widehat{V})$ である．理想気体の法則より，$p\Delta \widehat{V} = R\Delta T = (C_p - C_V)\Delta T$ だから，

$$\frac{1 \times p\Delta \widehat{V}}{-Q} = \frac{(C_p - C_V)}{C_p} = 1 - \frac{1}{1.4} = 0.286$$

となり，およそ 1/3 である．

各種気体の定圧熱容量を図 4.4(a) に示す．多くの気体は 30〜40 J/(mol·K) の同程度の熱容量をもつ(単原子分子は 20，2 原子分子は約 30[1, 下巻p.644])．しかし，化学プロセスで重要な室温から 1000℃ の範囲で温度依存性が大きい．このため各種気体の熱容量は温度 T [K または℃] の多項式，

$$C_p = a + bT + cT^2 + dT^3 \tag{4.12}$$

で表され，係数が物性値表に記載されている．なお，実際の使用の際は適用温度範囲に注意が必要である(本書では 2500℃ まで使えるよう，H_2O，N_2，O_2，

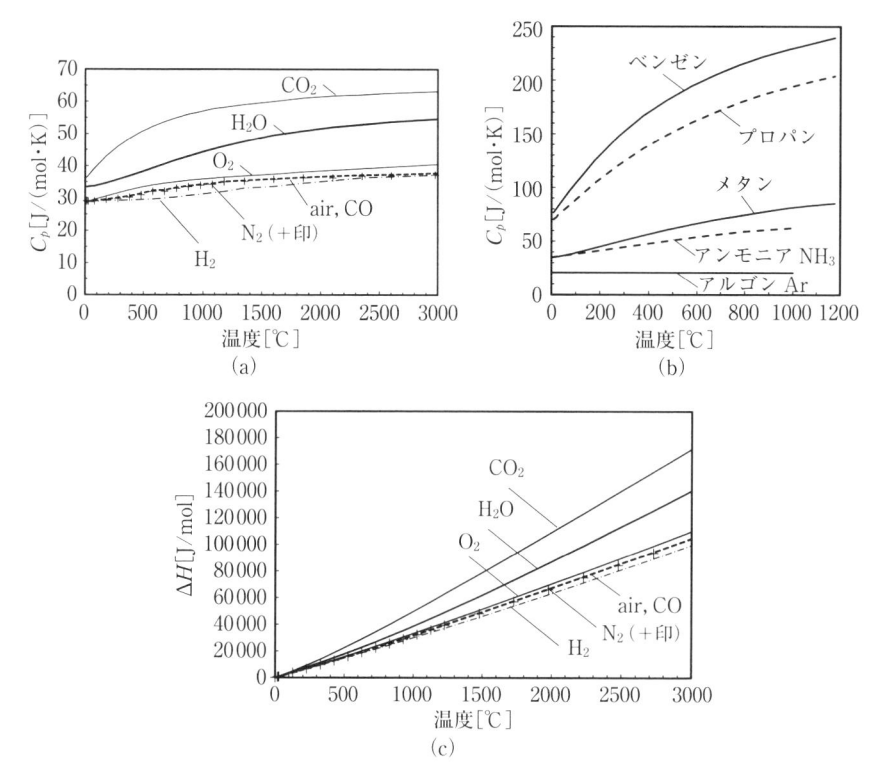

図 4.4 (a) 燃焼ガスの熱容量, (b) 炭化水素などの熱容量, (c) エンタルピー変化[2] 〈bce43.xls〉

CO_2 について独自の相関式を用いている (〈bce43.xls〉を参照).

定圧熱容量 C_p [J/(mol·K)] を温度変化間で積分することで, 気体のモルあたりのエンタルピー変化が得られる (図 4.5).

$$\Delta \widehat{H} = \int_{T_1}^{T_2} C_p \mathrm{d}T \qquad [\mathrm{J/mol}] \tag{4.13}$$

実際の計算は多項式を用いて次式となる.

$$\Delta \widehat{H} = \int_{T_1}^{T_2} (a + bT + cT^2 + dT^3)\mathrm{d}T = a(T_2 - T_1) + (b/2)(T_2^2 - T_1^2)$$
$$+ (c/3)(T_2^3 - T_1^3) + (d/4)(T_2^4 - T_1^4) \tag{4.14}$$

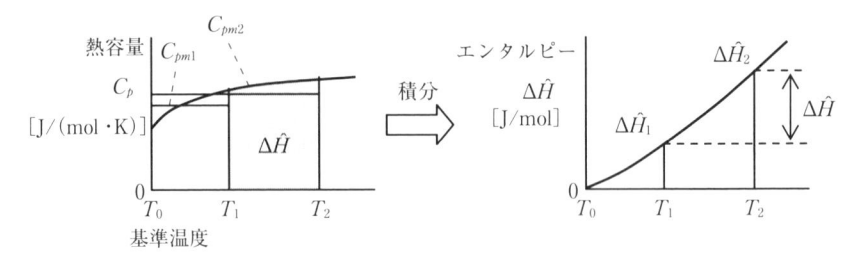

図 4.5 平均熱容量 C_{pm} とエンタルピー変化

簡易的には基準温度 T_0 から T_n までの平均熱容量 C_{pm} を求めておき，

$$\Delta \hat{H} = C_{pm2}(T_2 - T_0) - C_{pm1}(T_1 - T_0) \qquad (4.15)$$

により T_1 から T_2 までのエンタルピー変化が求められる．$T_0 = 0℃$ を基準とした温度 T_1 までの燃焼ガスのエンタルピー変化[2)]を図4.4(c)に示す．

【例題4.6】 混合気体のエンタルピー変化〈bce44.xls〉

燃焼ガスの組成が $N_2:73.8\%$，$O_2:6.6\%$，$H_2O:13.1\%$，$CO_2:6.5\%$ であった．燃焼ガス 1 mol を 800℃ から 100℃ まで冷却するために必要な熱量 Q を求めよ．

(解) 図4.6のシートで F5：I8 に，物性値表から各気体の熱容量式の係数を記入する．J列に式(4.14)から $T_1 \sim T_2$ のエンタルピー変化を求める．物質量(K列)を考慮して，L列が各気体の，L9が燃焼ガスのエンタルピー変化で，これが冷却に必要な熱量 $Q = 23.3$ kJ である．

	A	B	C	D	E	F	G	H	I	J	K	L
1	混合気体の熱容量					Cp=a+bT+cT^2+dT^3 where Cp[J/(mol-K)] T in [K]						
2					T2での熱容量					ΔH"=		ΔH=
3			T1	T2	Cp at T2					∫Cpdt	n	nΔH
4			[℃]	[℃]	[J/(mo	a	b	c	d	[J/mol]	[mol]	[kJ]
5	窒素	N_2	100	800.0	32.98	26.52	7.226E-03	-1.038E-06	-8.170E-11	21785	0.738	16.08
6	酸素	O_2	100	800.0	35.17	24.86	1.596E-02	-7.256E-06	1.246E-09	23024	0.066	1.52
7	水蒸気	H_2O	100	800.0	42.02	29.73	1.020E-02	2.439E-06	-1.181E-09	26550	0.131	3.48
8	二酸化炭素	CO_2	100	800.0	55.37	24.87	4.955E-02	-2.403E-05	4.050E-09	34329	0.065	2.23
9												23.31
10						$= a(T_2[K] - T_1[K]) + (b/2)(T_2^2 - T_1^2) + (c/3)(T_2^3 - T_1^3) + (d/4)(T_2^4 - T_1^4)$						

図 4.6 混合気体のエンタルピー変化〈bce44.xls〉

4.1.3 相変化を含むエンタルピー変化

n[mol]の物質のエンタルピー変化 $\Delta H = n\Delta \hat{H}$ には，温度変化による顕熱変化(sensible heat)に加えて相変化に伴う潜熱変化(latent heat)がある．融解，蒸発など相変化を含む過程のエンタルピー変化の計算では，エンタルピーが経路によらない性質であることが利用できる．

【例題 4.7】 融解，蒸発を含む水のエンタルピー変化

大気圧下で水 1 mol を 0℃の氷から 120℃の蒸気にする際のエンタルピー変化を求めよ．計算に必要な物性値は以下のようである．
潜熱：$\Delta \hat{H}_{融解} = 6019$ J/mol，$\Delta \hat{H}_{蒸発} = 45050$ J/mol(0℃)，40635 J/mol(100℃)
平均熱容量：C_{pm}(0〜100℃液)$= 4.18$ J/(g·K)$= 75.3$ J/(mol·K)，C_{pm}(100〜120℃蒸気)$= 33.9$ J/(mol·K)，C_{pm}(0〜120℃蒸気)$= 31.7$ J/(mol·K)

（解） ここでは図 4.7 に示す 2 つの経路で各々計算する．
① 100℃で蒸発するとした計算：

$$\Delta H = 1 \text{ mol} \times (\Delta \hat{H}_{融解} + \Delta \hat{H}_{液 0〜100℃} + \Delta \hat{H}_{蒸発} + \Delta \hat{H}_{蒸気 100〜120℃})$$
$$= 6019 + 75.3 \times 100 + 40635 + 33.9 \times 20 = 54.8 \text{ kJ}$$

② 0℃で蒸発するとした計算：

$$\Delta H = 1 \text{ mol} \times (\Delta \hat{H}_{融解} + \Delta \hat{H}_{蒸発 0℃} + \Delta \hat{H}_{蒸気 0〜120℃})$$
$$= 6019 + 45050 + 31.7 \times 120 = 54.9 \text{ kJ}$$

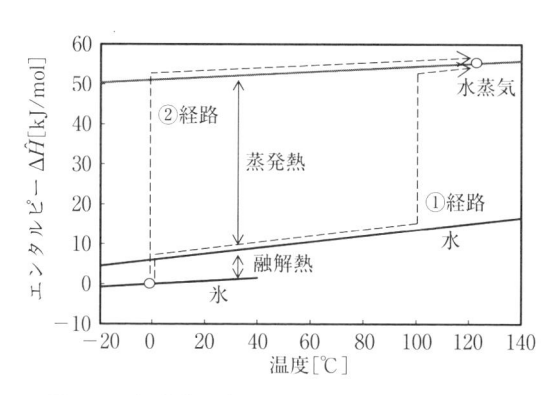

図 4.7 相変化を含むエンタルピー変化の計算

4.2 熱化学
4.2.1 反応と反応熱

化学的変化に伴い系を出入りする熱は各種あって，化学反応一般に伴う熱を反応熱，燃焼に伴う発熱を燃焼熱，中和反応に伴う発熱を中和熱，溶解に伴う吸・発熱を溶解熱などとよぶ．しかし，これらは全て変化に伴うエンタルピー変化 ΔH として統一して取り扱うことができる．化学反応においては反応前後のエンタルピー変化 ΔH を（生成物）−（反応物）で定義して，反応に関与する分子，その量論的関係および標準状態でのエンタルピー変化量（標準反応熱）を表示する*．これが熱化学式または熱化学方程式[1, p.51]であり，一般的な記述の様式は以下のようである．なお，熱化学で標準状態とは圧力 1 bar = 100 kPa のことであり，熱力学的データを報告する温度は約束温度 25°C (298 K) と決められている[1, p.49]．

（反応物） （生成物） （標準反応熱(reaction)）

$CH_4(g) + 2O_2(g) \longrightarrow CO_2(g) + 2H_2O(l)$ $\Delta_r H° = -890.4$ kJ   (4.15)

↑ 式中の着目物質 1 mol 基準

↑（相の指定）   （＋は吸熱，−は発熱）

（° は標準状態）

ここで，標準反応熱 $\Delta_r H° < 0$ が発熱反応に伴う系のエンタルピーの低下，$\Delta_r H° > 0$ が吸熱反応に伴う系のエンタルピーの増加を表す（図 4.8）．

エンタルピーを使うことの意味は，圧力一定の変化の前後で容積仕事を同時に考慮することにある．例えば，アンモニアの生成反応：

$$\frac{1}{2}N_2(g) + \frac{3}{2}H_2(g) \longrightarrow NH_3(g)$$

の標準反応熱は NH_3 1 mol あたり $\Delta_r H° = -46.1$ kJ が観測される．この反応で

---

* 高校化学の**熱化学方程式**では
  $CH_4(気) + 2O_2(気) = CO_2(気) + 2H_2O(液) + 890.4$ kJ
の形式であった．これと比較して式 (4.15) の形式では，反応式は単に成分と量論関係を示すだけである．熱化学方程式の体系は古典的なものであり，熱化学はここで示す世界標準の方法によるべきである．

4.2 熱化学

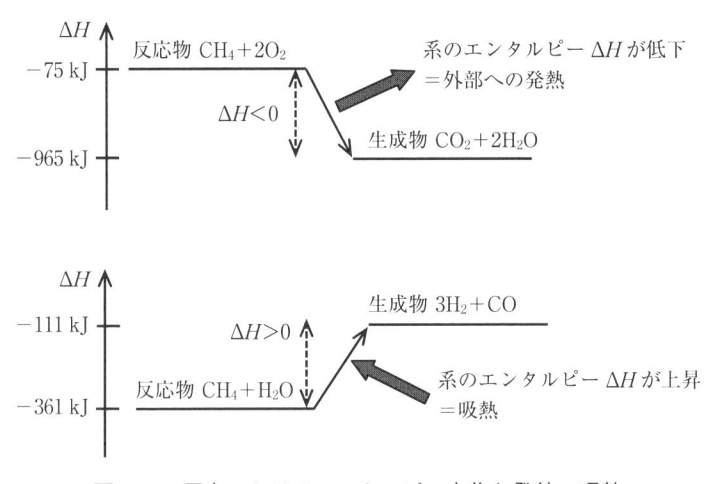

図 4.8 反応におけるエンタルピー変化と発熱・吸熱

は容積が 1 mol 分減少しているので，その分外から仕事を受け取ることになる．よって実際の系の内部エネルギー変化は以下のようである．

$$\Delta_r U° = \Delta_r H° - \Delta n RT = -46.1 \text{ kJ} - (-1)(8.31 \text{ J/(mol·K)})(298 \text{ K})$$
$$= -43.6 \text{ kJ}$$

　燃焼のように，反応は系のエンタルピー H が減少する方向に進行しやすい．すなわち発熱反応が起こりやすい．しかし，吸熱反応が自発的に進む場合もある．反応の方向について，熱力学的に正しくは"反応はギブズエネルギー変化 $\Delta G = \Delta H - (T \times \Delta S)$ が減少する方向に進む[1,p.100]"である．すなわち，反応は H が減少（内部エネルギーの減少）とエントロピー $T \times S$ の増加の兼ね合いで進行方向が決まる．エントロピー S とは"分子の乱雑さ"である．室温付近ではエントロピー変化はエンタルピー変化に比べて小さいので，ギブズエネルギー変化はエンタルピー変化に支配される．すなわち発熱反応が起きやすい．一方，高温ではエントロピーの寄与が大きくなる．一般に分子が高温で分解しやすいのはエントロピー効果である．水素を製造する改質反応はこの例である．また，吸熱反応の例示実験で有名な水酸化バリウムとチオシアン酸アンモニウムの反応は反応熱（吸熱）より，分子数の増加（3 mol から 13 mol）によるエントロピーの増加が上回るため，吸熱反応ではあるが，室温でも反応が自発的に進

む(例題 4.15 を参照).

4.2.2 熱化学計算におけるヘスの法則

化学反応に伴う反応熱は，反応のはじめと終りの状態のみで決まり，途中の経路には関係しない．この法則は多くの反応熱の測定により Hess が見出した(1840 年)．このヘスの法則を利用すると，既知の熱化学式の組み合わせにより未知の反応の反応熱が求められる．

【例題 4.8】 反応熱から反応熱の推算

CO_2 を生成する 2 つの反応①，②より③の反応熱を求めよ(図 4.9).

① $C(\beta) + O_2(g) \longrightarrow CO_2(g)$ $\Delta_r H° = -393.5 \text{ kJ}$

② $CO(g) + \frac{1}{2}O_2(g) \longrightarrow CO_2(g)$ $\Delta_r H° = -283.0 \text{ kJ}$

③ $C(\beta) + \frac{1}{2}O_2(g) \longrightarrow CO(g)$

(ただし $C(\beta)$ は黒鉛炭素を表す)

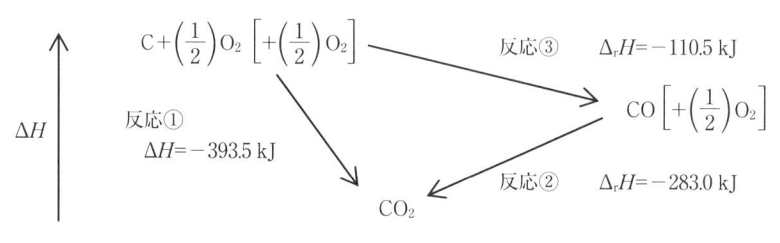

図 4.9 ヘスの法則——CO_2 生成反応——

(解) ①−②が③となるので，③の反応熱は，$\Delta_r H = (-395.51) - (-283.0) = -110.5 \text{ kJ}$.

【例題 4.9】 燃焼の発熱量

分子を個々の原子に分解するために要するエネルギーは CO：1074 kJ/mol，CO_2：1605 kJ/mol，N_2：944 kJ/mol，NH_3：1170 kJ/mol，H_2O：928 kJ/mol である．これと下記の反応 1 mol あたりのエンタルピー変化を用いて，黒鉛

($C(\beta)$) 10 g を完全燃焼させたときに生じる発熱量を求めよ(大学入試問題より).

① $C(\beta) + \frac{1}{2}O_2(g) \longrightarrow CO(g)$ $\quad \Delta H = -109$ kJ

② $N_2(g) + 3H_2(g) \longrightarrow 2NH_3(g)$ $\quad \Delta H = -92$ kJ

③ $H_2(g) + \frac{1}{2}O_2(g) \longrightarrow H_2O(g)$ $\quad \Delta H = -242$ kJ

(解) 各分子の分解エネルギーより,

④ $CO(g) \longrightarrow C(g) + O(g)$ $\quad \Delta H = 1074$ kJ
⑤ $CO_2(g) \longrightarrow C(g) + 2O(g)$ $\quad \Delta H = 1605$ kJ
⑥ $N_2(g) \longrightarrow 2N(g)$ $\quad \Delta H = 944$ kJ
⑦ $NH_3(g) \longrightarrow N(g) + 3H(g)$ $\quad \Delta H = 1170$ kJ
⑧ $H_2O(g) \longrightarrow 2H(g) + O(g)$ $\quad \Delta H = 928$ kJ

これらの式を適当な係数を乗じて加え合わせて, ⑨ $C(\beta) + O_2(g) \longrightarrow CO_2(g)$ をつくる. 例えば, ①: $C(\beta) + (1/2)O_2(g) - CO(g)$ のように生成物を移項して扱う.

$$①\times a + ②\times b + ③\times c + ④\times d + ⑤\times e + ⑥\times f + ⑦\times g + ⑧\times h = ⑨$$

としてこの式の化学種ごとの係数を左右で比較する.
$C(\beta)$に関して: $a=1$, $O_2(g)$に関して: $1\times 0.5 + 0.5c = 1 \to c=1$,
$CO(g)$に関して: $1\times(-1) + d = 0 \to d=1$,
$H_2(g)$に関して: $3b + c = 0 \to b = -\frac{1}{3}$,
$NH_3(g)$に関して: $-2b + g = 0 \to g = -\frac{2}{3}$,
$C(g)$に関して: $-d - e = 0 \to e = -1$,
$H_2O(g)$に関して: $-c + h = 0 \to h = 1$, $N_2(g)$に関して: $b + f = 0 \to f = \frac{1}{3}$

よって, $① - ②\times\frac{1}{3} + ③ + ④ - ⑤ + ⑥\times\frac{1}{3} - ⑦\times\frac{2}{3} + ⑧ = ⑨$. これを ΔH について計算することで⑨の $\Delta H = -339$ kJ となる. よって求める発熱量は, $339 \times \frac{10}{12} = 283$ kJ.

4.2.3 物質の標準生成熱と標準燃焼熱

熱化学計算の基礎が，物質（分子）ごとに物性値表に示されている標準生成熱 $\Delta_f \widehat{H}^\circ$ [kJ/mol] である．標準生成熱（standard heats of formation）は標準状態（100 kPa）および約束温度 298.15 K における化合物のエンタルピーと，それを構成する元素などの全エンタルピーとの差で定義される．元素（$C(\beta)$（グラファイト），$S(s)$，$Fe(s)$）や 2 原子分子（$O_2(g)$, $H_2(g)$, $N_2(g)$, $Cl_2(g)$, $I_2(s)$）などが基準であり，これらは $\Delta_f \widehat{H}^\circ = 0$ である．物質ごとの生成熱からその分子のもつエネルギーが概観される．以下に 2 つの例を示す．

表 4.1 に炭化水素の生成熱をまとめた．図 4.10 はこれを炭素数ごとのグラフにしたものである．これより C=C 二重結合は単結合より 1 mol あたり約 125 kJ エネルギーが高い．これが不飽和炭化水素の反応性が高いことの表れである．また，炭素数からは単結合は約 21 kJ/mol の結合エネルギーをもつといえる．

図 4.11 に C3–C7 の直鎖アルカンとシクロアルカンの生成熱を比較した．

表 4.1　炭化水素の生成熱 $\Delta_f \widehat{H}^\circ$ [kJ/mol]

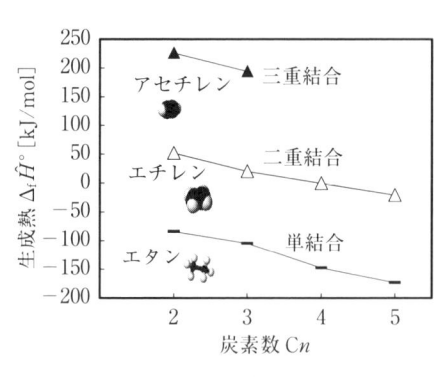

エタン C–C : −84.02	エチレン C=C : 52.2	アセチレン C≡C : 222.8
プロパン C–C–C : −104.5	プロピレン C–C=C : 20.5	メチルアセチレン C–C≡C : 194.6
ブタン C–C–C–C : −147.5	ブチレン C–C–C=C : −0.12	
ペンタン C–C–C–C–C : −173.2	ペンテン C–C–C–C=C : −20.9	

図 4.10　C–C 結合のエネルギー 〈bce75.xls〉

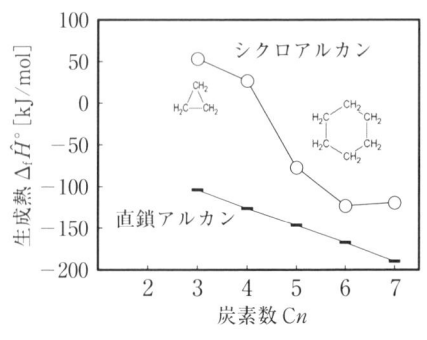

図 4.11　環状分子 〈bce75.xls〉

環状分子は生成熱が大きく，反応性が大きいといえる．また，直鎖分子と環状分子のエネルギー差は一様でなく，六員環は比較的安定であることがわかる．

生成熱に関する知見や量子力学による理論計算（例：$\frac{1}{2}H_2(g) \to H(g)$），分光学的測定などの種々の方法により，分子内の結合のエンタルピー（結合の解離反応のエンタルピー変化）が決定されている（表4.2）．黒鉛$C(\beta)$が$C(g)$となる炭素の原子化（気体化）については特に測定が困難であったが，次が現在採用されている．

$$C(\beta) \longrightarrow C(g) \quad \Delta H° = 716.7 \text{ kJ}$$

結合（解離）エンタルピーにより化合物の生成熱を大まかに見積もることができる．

表 4.2 単結合のエンタルピー[13, p.374] $\Delta \widehat{H}°$ [kJ/mol]

	H	C	N	O
H	436.4			
C	414	347		
N	393	276	193	
O	460	351	176	142

【例題4.10】 結合エンタルピーから生成熱を求める

n-ヘキサン（$C_6H_{14}(g)$）の生成熱：$7H_2(g) + 6C(\beta) \longrightarrow C_6H_{14}(g)$
を結合エネルギーから推算せよ．

（解） ヘキサン分子中には14個のC–H結合，5個のC–C結合がある．また，C原子が6個，H原子が14個ある．各化学結合について表4.2の値を用いると，ヘキサン1 mol あたり，

$$14H(g) + 6C(g) \longrightarrow C_6H_{14}(g) \quad \Delta H° = -(14 \times 414 + 5 \times 347) = -7531 \text{ kJ}$$

C, H について，標準状態で安定した元素を気体原子にするための原子化エンタルピー変化（生成熱[1, p.A42]）：$6C(\beta) \longrightarrow 6C(g) \quad \Delta H° = 6 \times 716.7 = 4300 \text{ kJ}$

$$7H_2(g) \longrightarrow 14H(g) \quad \Delta H° = 14 \times 217.97 = 3052 \text{ kJ}$$

を加えて，$\Delta H° = -179$ kJ すなわち $\Delta_f \widehat{H}° = -179$ kJ/mol となる．物性値表の値は $\Delta_f \widehat{H}° = -167.3$ kJ/mol である．

標準生成熱は熱化学計算の基礎であるが，実際に測定できるのは標準燃焼熱 $\Delta_c \widehat{H}°$(combustion)である．燃焼熱は熱量計で実際に物質を燃焼して測定される．標準生成熱は燃焼熱などからヘスの法則により推算された値である．標準燃焼熱も物質ごとの値が物性値表に記載されている[1,p.52]．

燃焼熱の測定はボンベ熱量計(図4.12)でおこなう．密閉高圧容器(ボンベ)中で試料を加圧酸素で燃やし，室温に戻ってからボンベ外側の水槽の温度変化で発生熱量を測定する．この測定方法に基づく標準燃焼熱 $\Delta_c \widehat{H}°$ の定義は以下のようである．

(a) 炭素は全て $CO_2(g)$，水素は全て $H_2O(l)$ となる．他の元素も指定．
(b) 基準は標準状態(100 kPa)および25℃．

なお，実際の燃焼反応では発生 H_2O は水には戻らず水蒸気として系を去るので，生成物は $H_2O(g)$ である．燃焼熱の定義のように生成物が $H_2O(l)$ の場合を総発熱量，$H_2O(g)$ の場合を真発熱量という．つまり実用上は燃焼熱のうち水蒸気の潜熱分($H_2O(l) \rightarrow H_2O(g)$, $\Delta \widehat{H}° = +44.0$ kJ/mol)は利用できない．

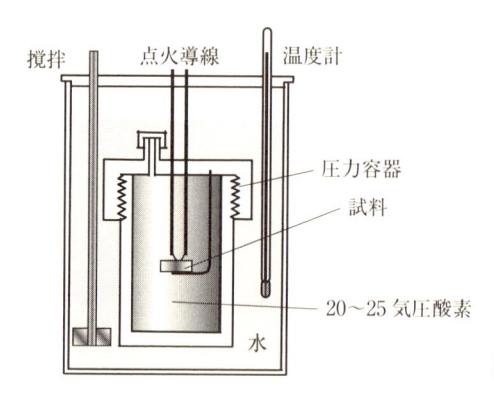

図 4.12 ボンベ熱量計[1,p.38]

【例題 4.11】 燃焼熱から生成熱を求める(1)

以下の燃焼熱から CO の生成熱を求めよ．

① $C(\beta) + O_2 \longrightarrow CO_2$ 　　$\Delta_c H° = -393$ kJ

② $CO + \dfrac{1}{2}O_2 \longrightarrow CO_2$ 　　$\Delta_c H° = -283$ kJ

(解) ①−②より $C(\beta) + \dfrac{1}{2}O_2 \longrightarrow CO, \Delta_r H° = (-393)-(-283) = -110$ kJ 以上は CO 1 mol あたりで計算しているので，これより CO の標準生成熱 $\Delta_f \widehat{H}° = -110$ kJ/mol である．

【例題 4.12】 燃焼熱から生成熱を求める(2)

以下の燃焼熱データからメタン(CH_4)の標準生成熱：① $C(\beta) + 2H_2(g) \longrightarrow CH_4(g)$ を求めよ．

燃焼熱データ ② $H_2(g) + \dfrac{1}{2}O_2 \longrightarrow H_2O(l)$ 　　　　　　$\Delta_c H° = -285.8$ kJ

　　　　　　③ $C(\beta) + O_2(g) \longrightarrow CO_2(g)$ 　　　　　　　$\Delta_c H° = -393.5$ kJ

　　　　　　④ $CH_4(g) + 2O_2(g) \longrightarrow CO_2(g) + 2H_2O(l)$ 　$\Delta_c H° = -890.4$ kJ

(解) 2×②+③−④=①なので，①の $\Delta_r H° = 2 \times (-285.8) + (-395.5) - (-890.4) = -74.85$ kJ．以上は CH_4 1 mol あたりで計算しているので，これより CH_4 の標準生成熱 $\Delta_f \widehat{H}° = -74.85$ kJ/mol である．

4.2.4 標準生成熱 $\Delta_f \widehat{H}°$ [kJ/mol] からの標準反応熱 $\Delta_r H°$ [kJ] の計算

どんな反応でも反応式中の各物質の標準生成熱の値があれば，反応に関わる物質量 n[mol] を考慮して，次式により標準反応熱が求められる(物理化学では ν[−](量論係数)による[1, p.52])．標準生成熱は約束温度で表示されているので，標準反応熱も 25℃ (298 K) での値となる．

$$\Delta_r H° = \sum_{\text{生成物}} n_i \Delta_f \widehat{H}_i° - \sum_{\text{反応物}} n_i \Delta_f \widehat{H}_i° \tag{4.16}$$

【例題 4.13】 生成熱から反応熱(1)

アンモニア(NH_3)の燃焼反応:

$$4NH_3(g) + 5O_2(g) \longrightarrow 4NO(g) + 6H_2O(g)$$

($\Delta_f \widehat{H}°$[kJ/mol]: -46.14 0 90.3 -241.8)
の標準反応熱を記載の標準生成熱から求めよ(基準:NH_3 4 mol).

(解) 式(4.16)より $\Delta_r H° = (4\times(90.3) + 6\times(-241.8)) - (5\times(0) + 4\times(-46.14)) = -905$ kJ これは NH_3 4 mol あたりの値なので,1 mol あたりでは,$\Delta_r H° = -226$ kJ(発熱).

【例題 4.14】 生成熱から反応熱(2)

メタン(CH_4)の燃焼反応:$CH_4(g) + 2O_2(g) \longrightarrow CO_2(g) + 2H_2O(l)$
 ($\Delta_f \widehat{H}°$[kJ/mol]: -74.9 0 -393.8 -285.8)
の反応熱を求めよ.

(解) 式(4.16)より $\Delta_r H° = 1\times(-393.8) + 2\times(-285.8) - 1\times(-74.84) = -890$ kJ.

【例題 4.15】 結晶溶解反応

吸熱反応の例示実験である水酸化バリウムとチオシアン酸アンモニウムの反応:
$Ba(OH)_2 \cdot 8H_2O(s) + 2NH_4SCN(s) \rightarrow Ba(SCN)_2(s) + 2NH_3(g) + 10H_2O(l)$
は [SCN]$^-$ 化合物の熱力学データが不明のため,次の反応で代えて説明される.
$Ba(OH)_2 \cdot 8H_2O(s) + 2NH_4NO_3(s) \longrightarrow Ba(NO_3)_2(s) + 2NH_3(g) + 10H_2O(l)$
($\Delta_f \widehat{H}°$[kJ/mol] -3342 -365.6 -992.07 -80.29 -285.83)
($\widehat{S}°_{298}$[J/(mol・K)] 427 151.1 214 111 69.91)
この反応の 298 K における反応熱を求めよ.またギブズエネルギー変化 ΔG も求めよ.

(解) 式(4.16)より $\Delta_r H°_{298} = 62.3$ kJ の吸熱反応である．一方，エントロピーは，同様に $\Delta S°_{298} = \sum_{生成物} n_i \hat{S}°_{298i} - \sum_{反応物} n_i \hat{S}°_{298i} = 405.9$ J/K なので，$\Delta G°_{298} = \Delta H°_{298} - T\Delta S°_{298} = -58.7$ kJ となる．この結果，$\Delta G°_{298} < 0$ なので，この反応は吸熱反応にもかかわらず室温で反応が進行する．

4.2.5 反応温度での反応熱

標準生成熱から推算される標準反応熱 $\Delta_r H°_{298}$ は 25℃ での値である．実際の反応温度 T における反応熱 $\Delta_r H°_T$ は反応物と生成物のエンタルピー変化を考慮して次式で推算される(図4.13)．

$$\Delta_r H°_T = (\Delta H_P - \Delta H_R) + \Delta_r H°_{298} \tag{4.17}$$

ここで，ΔH_P：25℃〜T 間の生成物のエンタルピー変化，ΔH_R：25℃〜T 間の反応物のエンタルピー変化であり，反応に関与する物質量を n_i とすると，次式で求められる．

$$(\Delta H_P - \Delta H_R) = \sum_{生成物} n_i \int_{25}^{T} C_{pi} dT - \sum_{反応物} n_i \int_{25}^{T} C_p dT \tag{4.18}$$

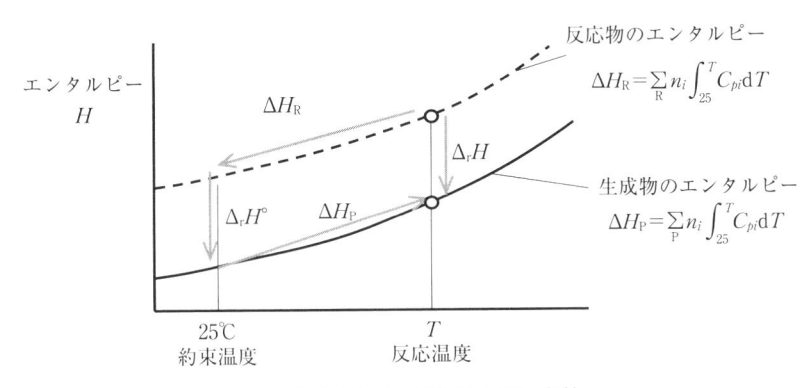

図 4.13 反応温度での反応熱

【例題4.16】 反応温度での反応熱(1) ⟨bce45.xls⟩
アンモニアプロセスで二酸化炭素をメタンに戻す反応がおこなわれる(メタネーション)．この反応(次式)の実際の反応温度 500℃ での反応熱を求めよ．

反応：$CO_2(g) + 4H_2(g) \longrightarrow 2H_2O(g) + CH_4(g)$
$(\Delta_f \hat{H}°[kJ/mol])$：$-393.5$　　0　　　　-241.8　-74.8

(解) 反応の標準反応熱は,

$\Delta_r H_{298}^\circ = 2 \times (-241.8) + 1 \times (-74.8) - 1 \times (-393.5) = -165.0$ kJ(発熱).

$(\Delta H_P - \Delta H_R) = \left(2 \text{ mol} \times \int_{25}^{500} C_{pH2O} dT + 1 \times \int_{25}^{500} C_{pCH4} dT\right) - \left(1 \times \int_{25}^{500} C_{pCO2} dT + 4 \times \int_{25}^{500} C_{pH2} dT\right) = (57.09) - (76.95) = -19.9$ kJ

である.この計算は図4.14のExcelシートによる.よって,式(4.17)により,反応熱は以下のようである.

$$\Delta_r H_{773}^\circ = (-19.9) + (-165.0) = -184.9 \text{ kJ}$$

図4.15にこの過程を示す.

図 4.14 反応物,生成物のエンタルピー変化の計算 〈bce45.xls〉

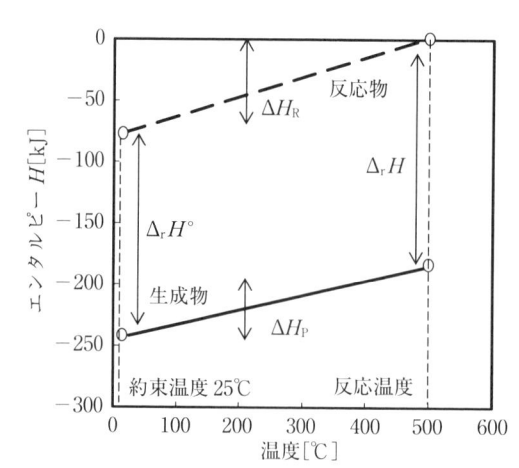

図 4.15 反応温度での反応熱
——メタネーション——

【例題 4.17】 反応温度での反応熱(2)(吸熱反応)

メタン(CH_4)の水蒸気改質により水素を製造する反応は，

$$CH_4(g) + H_2O(g) \longrightarrow CO(g) + 3H_2(g) \qquad \Delta_r H°_{298} = 205.9 \text{ kJ}$$

の吸熱反応である．この反応を 1000℃ に保つために加えるべき熱量を求めよ．

（解）1000℃ における反応熱 $\Delta_r H°_{1237}$ 分の熱を補給しなくてはならない．
$(\Delta H_P - \Delta H_R)$
$$= \left(1 \text{ mol} \times \int_{25}^{1000} C_{pCO} dT + 3 \times \int_{25}^{1000} C_{pH2} dT\right)$$
$$- \left(1 \times \int_{25}^{1000} C_{pCH4} dT + 1 \times \int_{25}^{1000} C_{pH2O} dT\right) = (118.46) - (97.1) = -21.4 \text{ kJ}$$
（計算は〈bce45.xls〉を参照）

よって，$\Delta_r H°_{1237} = (\Delta H_P - \Delta H_R) + \Delta_r H°_{298} = 21.4 + 205.9 = 227.3 \text{ kJ}$（吸熱）．

反応を 1000℃ に保つために加えるべき熱量はメタン 1 mol あたり 227 kJ である（図 4.16）．なお，これをメタン自身の燃焼で補うとすると，メタンの標準燃焼熱は -890.4 kJ/mol なので，上の反応 1 mol に対して約 0.25 mol のメタンを使う必要がある．

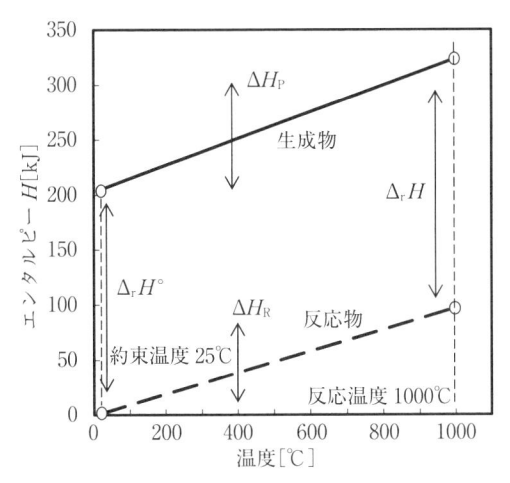

図 4.16 吸熱反応〈bce45.xls〉

4.3 相平衡の熱力学[9]

エンタルピーとともに，エントロピーとギブズエネルギーを考えることで，純成分の相変化の条件（蒸気圧と温度の関係）（図 3.13）を具体的に求めることができる．

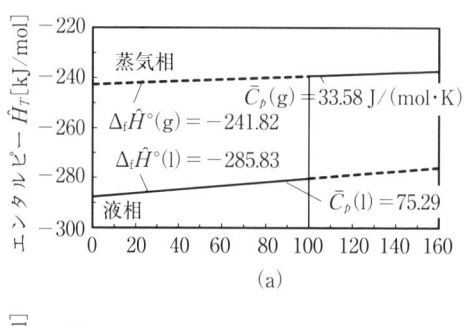

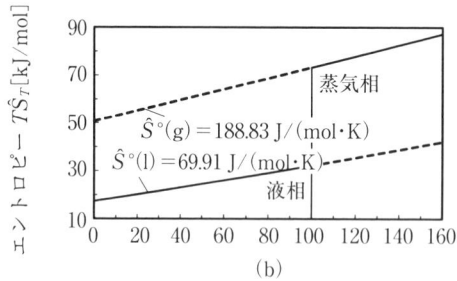

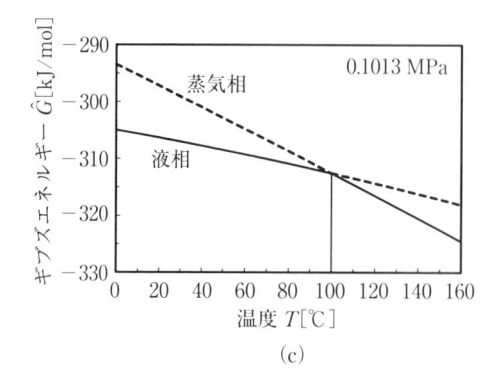

図 4.17 水，水蒸気のモルエンタルピー(a)，エントロピー(b)，ギブズエネルギー(c)[9,p.74;1,p.A42] （圧力は大気圧）〈bce61.xls〉

図 4.17(a)は大気圧条件における水((l))と水蒸気((g))のモルエンタルピー $\widehat{H}_T$[kJ/mol]を，標準生成熱 $\Delta_f\widehat{H}_{298}^\circ$ と平均熱容量 C_{pm}(298 K の値)から

$$\widehat{H}_T = \Delta_f\widehat{H}_{298}^\circ + C_{pm}(T-298) \tag{4.19}$$

により求めて，温度に対して示したものである．また気・液のモルエントロピー $\widehat{S}(g)$，$\widehat{S}(l)$ は 298 K での絶対エントロピー $\widehat{S}_{298}^\circ$ の値から次式で求められる[1, p.91]．

$$\widehat{S}_T = \widehat{S}_{298}^\circ + C_{pm}\ln\frac{T}{298} \tag{4.20}$$

図 4.17(b)に $T\widehat{S}_T$ の値を示した．ここで，$\widehat{S}(g) > \widehat{S}(l)$ であることが高温で蒸気相に転移する理由である．これらよりモルギブズエネルギー $\widehat{G}$ を次式の関係から求める(図 4.17(c))．

$$\widehat{G}_T = \widehat{H}_T - T\widehat{S}_T \tag{4.21}$$

これより $T<100℃$ で $\widehat{G}(l) < \widehat{G}(g)$ であり，液相が安定となる．$T=100℃$ で $\widehat{G}(l) = \widehat{G}(g)$ であり，気液が平衡となり，2相が共存可能である．そのときの圧力が純液体の蒸気圧 p となる．

4.4 化学反応の平衡定数と平衡組成

次にギブズエネルギーを基礎に化学反応の平衡を考える．一般に気相反応では転化率は 100％ ではない．この気相反応の平衡転化率はある温度，圧力条件で熱力学的に定まっており，反応に関係する成分(化学種)の熱力学的定数から計算することができる．

一般に熱力学において，i 成分の混合物の全ギブズエネルギー G は，各成分の n[mol]：物質量，μ[kJ/mol]：化学ポテンシャルとして次式となる[1, p.142]．

$$G = \sum n_i\mu_i \quad [\text{J}] \tag{4.22}$$

また，完全気体の化学ポテンシャル μ は標準化学ポテンシャル μ° と分圧 p により，

$$\mu_i = \mu^\circ_i + RT\ln\left(\frac{p_i}{p_0}\right) \tag{4.23}$$

である[1, p.145]．ここで，p_0 は基準圧力($p_0=1\,\text{bar}=0.1\,\text{MPa}$)である．以上の関係は反応が生じている混合物にも適用できる．次の例題で，この基礎式から反

応系のギブズエネルギーを具体的に求める．

【例題 4.18】 反応系の反応進行度とギブズエネルギー[11] 〈bce38.xls〉
アンモニア生成反応：$N_2 + 3H_2 \rightarrow 2NH_3$
を N_2：1 mol，H_2：3 mol，NH_3：0 mol の物質量から開始させる．温度 $T = 773$ K，圧力 $p = 20$ MPa の条件で，反応進行度 ξ [mol] とギブズエネルギーの関係を示せ．

（解）反応進行度 ξ [mol] のとき，各成分の物質量 n_i [mol] は $n_{N2} = (1-\xi)$，$n_{H2} = (3-3\xi)$，$n_{NH3} = 2\xi$，全物質量は $(4-2\xi)$ mol である．全圧 p のとき，各成分の分圧 p_i は，

$$p_{N2} = \frac{1-\xi}{4-2\xi}p, \quad p_{H2} = \frac{3-3\xi}{4-2\xi}p, \quad p_{NH3} = \frac{2\xi}{4-2\xi}p$$

である．よって，この系のギブズエネルギー G は式 (4.22)，(4.23) から次式となる．

$$G = (1-\xi)\left(\mu_{N2}^\circ + RT\ln\left(\frac{p_{N2}}{p_0}\right)\right) + (3-3\xi)\left(\mu_{H2}^\circ + RT\ln\left(\frac{p_{H2}}{p_0}\right)\right)$$
$$+ (2\xi)\left(\mu_{NH3}^\circ + RT\ln\left(\frac{p_{NH3}}{p_0}\right)\right)$$

絶対値である標準化学ポテンシャル μ_i° [kJ/mol] の差は標準生成ギブズエネルギー $\Delta_f \widehat{G}_i^\circ$ [kJ/mol]（標準状態基準）の差で計算されるので，この式の μ_i° を $\Delta_f \widehat{G}_i^\circ$ に置き換えることができ，

$$G = (1-\xi)\left(\Delta_f \widehat{G}_{N2}^\circ + RT\ln\left(\frac{p_{N2}}{p_0}\right)\right) + (3-3\xi)\left(\Delta_f \widehat{G}_{H2}^\circ + RT\ln\left(\frac{p_{H2}}{p_0}\right)\right)$$
$$+ (2\xi)\left(\Delta_f \widehat{G}_{NH3}^\circ + RT\ln\left(\frac{p_{NH3}}{p_0}\right)\right)$$

である．物質ごとの標準生成ギブズエネルギー $\Delta_f \widehat{G}^\circ$ は温度によるデータ[10, 付B, p.16]が得られるし，約束温度における値 $\Delta_f \widehat{G}_{298}^\circ$ [1, p.A38] からも計算できる．この右辺は条件（温度，圧力）が決まれば ξ 以外は定数である．したがって，この式により反応進行度 ξ による G の変化が求められる．

例題の条件でギブズエネルギー G と反応進行度の関係を計算したのが図

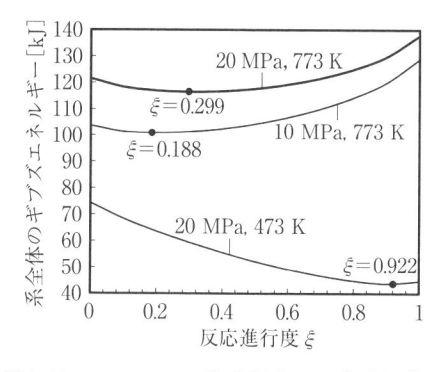

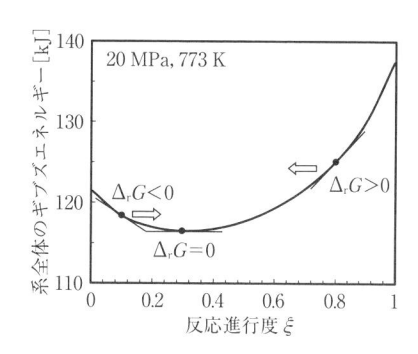

図4.18 アンモニア生成反応の反応進行度とギブズエネルギー[10,p.261] 〈bce38.xls〉

図 4.19 反応進行度と反応平衡[1,p.207]

4.18, 4.19 である(〈bce38.xls〉). 図には圧力を 10 MPa, 温度を 473 K に変えた条件についても併せて示した. また, この曲線の極小値となる反応進行度も示した(これら極小値は後述の実用の方法により求めた値(例題 4.23)と一致していることが確認される).

図 4.19 のように, 一般に反応系のギブズエネルギーは混合の効果により ξ に対して下に凸の曲線となる. 一般に系の自発的変化の方向はギブズエネルギー G が小さくなる方向である. したがって反応系では, この曲線の最小値の点が反応平衡を表す.

ここで, ギブズエネルギー G の反応進行度 ξ に対する勾配を反応ギブズエネルギー $\Delta_r G$ と定義する[1,p.207].

$$\Delta_r G = \left(\frac{\partial G}{\partial \xi}\right)_{p,T} \quad [\text{J/mol}] \tag{4.24}$$

すると

$$\Delta_r G(\xi) = 0 \tag{4.25}$$

となる反応進行度 ξ のときが, その反応のある温度, 圧力での平衡である(図 4.19).

実用上この平衡のときの反応進行度を求めるには, 例題 4.18 のような全ての G vs. ξ 曲線からその最小点を求めるという方法ではなく, 以下のようにこの $\Delta_r G(\xi) = 0$ の条件のみを用いて, 平衡となる反応進行度(転化率)や分圧・

組成を直接求める.

反応の化学量論係数 $\nu_i[-]$（反応物は$(-)$とする）と，物質量と反応進行度との関係は $dn_i = \nu_i d\xi [\text{mol}]$ なので，式(4.22)より，

$$\Delta_r G = \left(\frac{\partial G}{\partial \xi}\right)_{p,T} = \sum \nu_i \mu_i \tag{4.26}$$

である．式(4.23)を再び用いると平衡の条件 $\Delta_r G = 0$ は次式となる．

$$0 = \Delta_r G = \sum \nu_i \left(\mu_i^\circ + RT \ln\left(\frac{p_i}{p_0}\right)\right) = \sum \nu_i \mu_i^\circ + RT \sum \nu_i \left(\ln\left(\frac{p_i}{p_0}\right)\right)$$

$$= \sum \nu_i \mu_i^\circ + RT \ln\left(\prod \left(\frac{p_i}{p_0}\right)^{\nu_i}\right) \tag{4.27}$$

この式中の各成分の標準化学ポテンシャル項は例題4.18で述べたように，各成分の標準生成ギブズエネルギーの総和 $\sum \nu_i \Delta_f \widehat{G}_i^\circ$ で置き換えられ，それが標準反応ギブズエネルギー $\Delta_r G^\circ$ である[1, p.208].

$$\sum \nu_i \mu_i^\circ = \sum \nu_i \Delta_f \widehat{G}_i^\circ = \Delta_r G^\circ \quad [\text{J/mol}] \tag{4.28}$$

また，平衡定数 K を次式のように成分の分圧で定義する．

$$K \equiv \prod \left(\frac{p_i}{p_0}\right)^{\nu_i} \quad [-] \tag{4.29}$$

すると式(4.27)より平衡定数 K は

$$\Delta_r G^\circ = -RT \ln K \tag{4.30}$$

となる[1, p.209]．$\Delta_r G^\circ$ は温度だけの関数なので，平衡定数 K も温度だけの関数で，圧力に依存しない（理想気体を前提としている）．

標準状態，約束温度での反応成分の標準生成ギブズエネルギー $\Delta_f \widehat{G}_{298}^\circ$ は物性値表で与えられている[1, p.A38]ので，298 K での平衡定数 K_{298} は次式

$$RT \ln K_{298} = -\sum \nu_i \Delta_f \widehat{G}_{298,i}^\circ \tag{4.31}$$

により簡単に求められる．

【例題4.19】 298 K での平衡定数(1)

反応：$CO(g) + H_2O(g) \longrightarrow CO_2(g) + H_2(g)$ の25℃での平衡定数を求めよ．

（解）物性値表より各成分の $\Delta_f \widehat{G}_{298}^\circ$ を得る．

$$\Delta_r G^\circ = (1 \times \Delta_f \widehat{G}_{CO2}^\circ + 1 \times \Delta_f \widehat{G}_{H2}^\circ) - (1 \times \Delta_f \widehat{G}_{CO}^\circ + 1 \times \Delta_f \widehat{G}_{H2O}^\circ)$$

$$= (-394.3+0)-(-137.2-228.6) = -28.5 \text{ kJ/mol}$$
より，$K_{298} = \exp\left(\dfrac{28.5\times 10^3}{8.3145\times 298}\right) = 98\,963$

【例題 4.20】 298 K での平衡定数(2)

反応：$N_2 + 3H_2 \longrightarrow 2NH_3$ の 25℃ での平衡定数を求めよ[1, p.212]．

（解） $\Delta_r G° = (2\times \Delta_f \widehat{G}°_{NH3}) - (1\times \Delta_f \widehat{G}°_{N2} + 3\times \Delta_f \widehat{G}°_{H2})$
$$= (2\times(-16.5)) - (0+3\times 0) = -33 \text{ kJ/mol}$$
より，$K_{298} = \exp\left(\dfrac{33\times 10^3}{8.3145\times 298}\right) = 6.1\times 10^5$

実際の反応は 25℃ とは異なる温度で生じるので，ある温度 T での平衡定数を求めなくてはならない．温度 T での標準反応ギブズエネルギーは，温度 T での標準反応エンタルピー $\Delta_r \widehat{H}°_T [\text{kJ/mol}]$ と反応エントロピー $\Delta_r S°_T$ から求められる[1, p.218]．

$$\Delta_r G°_T = \Delta_r \widehat{H}°_T - T\Delta_r S°_T \tag{4.32}$$

よって，ある温度 T での平衡定数は次式となる．

$$\ln K_T = -\dfrac{\Delta_r G°_T}{RT} = -\dfrac{\Delta_r \widehat{H}°_T}{RT} + \dfrac{\Delta_r S°_T}{R} \tag{4.33}$$

$\Delta_r \widehat{H}°$，$\Delta_r S°$ が温度変化しないと仮定した場合は，平衡定数の温度変化は近似的に次式である．

$$\ln K_T = -\dfrac{\Delta_r \widehat{H}°_{298}}{RT} + (\text{定数}) \tag{4.34}$$

すなわち，次式となる[1, p.220]．

$$\ln\left(\dfrac{K_{T2}}{K_{T1}}\right) = -\dfrac{\Delta_r \widehat{H}°_{298}}{R}\left(\dfrac{1}{T_2} - \dfrac{1}{T_1}\right) \tag{4.35}$$

【例題 4.21】 アンモニア合成反応の平衡定数[1, p.220]

アンモニア合成反応：$N_2 + 3H_2 \longrightarrow 2NH_3$ の 500 K における平衡定数 K_{500} を近似式(4.35)で求めよ．

(解) $K_{298}=6.1\times10^5$, $\Delta_r\widehat{H}°_{298}=-92.2\,\mathrm{kJ/mol}$ より, $K_{500}=0.18$. この方法による計算値を図 4.21 中に破線で示す.

実用的な平衡定数の計算では, 以下のように温度変化をともに考慮して式(4.32)におけるエンタルピー, エントロピーを計算する. 反応各成分 i の熱容量が 3 次式: $C_{pi}=a_i+b_iT+c_iT^2+d_iT^3$ で表される場合, 各々次式となる.

$$\Delta_r\widehat{H}°_T=\Delta_r\widehat{H}°_{298}+\int_{298}^T\Delta C_p\,\mathrm{d}T=\Delta_r\widehat{H}°_{298}+\left[aT+\frac{b}{2}T^2+\frac{c}{3}T^3+\frac{d}{4}T^4\right]_{298}^T \tag{4.36}$$

$$\Delta_r S°_T=\Delta_r S°_{298}+\int_{298}^T\frac{\Delta C_p}{T}\,\mathrm{d}T=\Delta_r S°_{298}+\left[a\ln T+bT+\frac{c}{2}T^2+\frac{d}{3}T^3\right]_{298}^T \tag{4.37}$$

ここで, a, b, c, d は反応各成分の C_{pi} 多項式の係数 a_i, b_i, c_i, d_i の総和であり,

$$\Delta C_p=a+bT+cT^2+dT^3=(\sum\nu_ia_i)+(\sum\nu_ib_i)T+(\sum\nu_ic_i)T^2+(\sum\nu_id_i)T^3 \tag{4.38}$$

である(ν_i は反応の化学量論係数(反応物は($-$)とする)). また, 約束温度(298 K)の標準反応エンタルピー, エントロピーは

$$\Delta_r\widehat{H}°_{298}=\sum\nu_i\Delta_f\widehat{H}°_{298,i} \tag{4.39}$$

$$\Delta_r S°_{298}=\sum\nu_i\widehat{S}°_{298,i} \tag{4.40}$$

である(式(4.39)は式(4.16)と異なり mol あたりである).

以上の関係から, 反応の化学量論係数を $\nu_i[-]$(反応物は($-$))として, 以下の手順で平衡定数が求められる[9, p.264, 12, p.129].

① 物性値表から反応各成分 i の標準生成エンタルピー $\Delta_f\widehat{H}°_{298}$, 標準モルエントロピー $\widehat{S}°_{298}$ および熱容量式($C_{pi}=a_i+b_iT+c_iT^2+d_iT^3$)の 3 つを得る.
② 約束温度(298 K)の標準反応エンタルピー, エントロピーを式(4.39), (4.40)で計算する.
③ 反応各成分の C_{pi} 多項式の係数 a_i, b_i, c_i, d_i の総和 a, b, c, d を式(4.38)で求めておく.
④ 指定温度 T での反応エンタルピー, エントロピーを式(4.36), (4.37)で計

4.4 化学反応の平衡定数と平衡組成

算する．

⑤ 式(4.32)で標準反応ギブズエネルギー $\Delta_r G_T^\circ$ を求める．
⑥ 式(4.30)で平衡定数 K_T が求められる．

これが平衡定数を求める実用的方法である．これを Excel 上でおこなうシートを例題で示す．

【例題 4.22】 アンモニア合成反応の平衡定数〈bce29.xls〉

アンモニア合成反応：$N_2 + 3H_2 \longrightarrow 2NH_3$ の 500 K における平衡定数を求めよ．

（解） 図 4.20 のシートの 2～10 行が各成分の化学量論係数 ν_i と物性値である．計算温度 T が C4 である．C5, C6 に式(4.39)，(4.40)を計算する．また，熱容量式の総和係数 a, b, c, d が C7：C10 である．C11：C14 に式(4.36)，(4.37)を計算して，C15 に $\Delta_r G_{500}^\circ$ が求められる．これより平衡定数が K_{500} = 0.103 と求められた．

図 4.21 に温度を変えて求めた平衡定数 K を縦軸 $\log K$ で示す．アンモニア

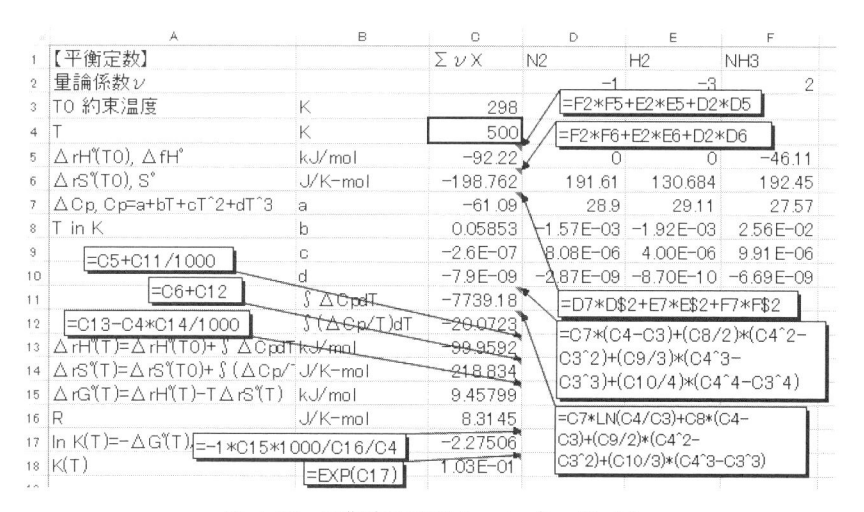

図 4.20 平衡定数計算シート〈bce29.xls〉

合成反応は発熱反応なので，低温ほど平衡定数が大きく（平衡が生成物寄り）となり，ルシャトリエの原理[1, p.217]に従うことが示されている．図4.22(a)はメタノール合成反応($CO+2H_2 \to CH_3OH$)について同様に計算して，平衡定数を求めたもので，例題と同様に発熱反応なので，低温ほど平衡定数が大きい．また，図4.22(b)はメタン-水蒸気改質反応($CH_4+H_2O \to CO+3H_2$)について計算したもので，この反応は吸熱反応なので，高温ほど平衡定数が大きいことが示されている．

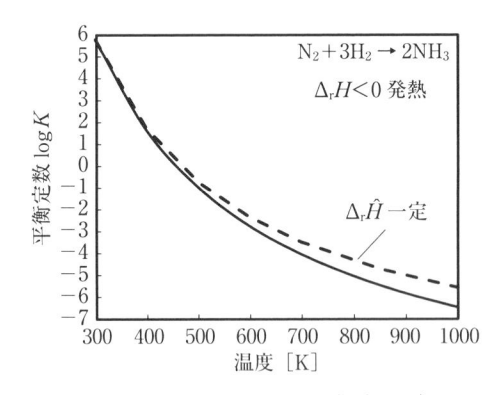

図 4.21 アンモニア合成反応の平衡定数 〈bce29.xls〉

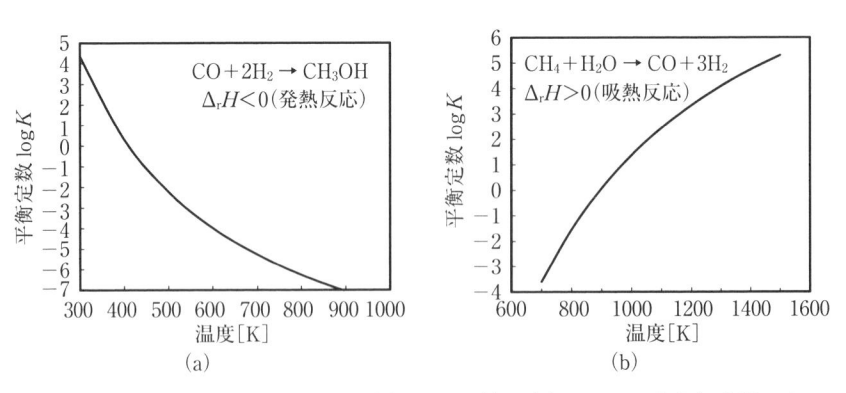

図 4.22 (a) メタノール合成反応(〈bce39.xls〉)と(b) メタン-水蒸気改質反応(〈bce29.xls〉)の平衡定数

4.4 化学反応の平衡定数と平衡組成

平衡定数が求められると，平衡定数の定義(式(4.29)：$K \equiv \prod \left(\frac{p_i}{p_0}\right)^{\nu_i}$)から，ある圧力 p における平衡組成が求められる．これは以下の例題に示すように，転化率 x に関する非線形方程式解法の問題となる．

【例題 4.23】 アンモニア合成反応の平衡転化率 〈bce29.xls〉

アンモニア合成反応：$N_2 + 3H_2 \longrightarrow 2NH_3$ の 773 K における平衡定数は K_{773} $= 1.59 \times 10^{-5}$ である．原料の物質量を N_2：1 mol，H_2：3 mol として，圧力 $p = 10.0$ MPa における平衡転化率と平衡組成を求めよ．

(解) N_2 の転化率を $x[-]$ として，図 4.23 のシートにおいて x が未知数(C22)である．平衡時の各成分の物質量[mol]は N_2：$(1-x)$，H_2：$3(1-x)$，NH_3：$2x$，全物質量：$2x+4(1-x)$ である(**23 行**)．これらより各成分のモル分

表 4.3 転化率と分圧[1,p.213]

	N_2	H_2	NH_3	合計
はじめの量[mol]	1	3	0	
平衡における値[mol]	$(1-x)$	$3(1-x)$	$2x$	$2x+4(1-x)$
モル分率 y_i	$\dfrac{(1-x)}{2x+4(1-x)}$	$\dfrac{3(1-x)}{2x+4(1-x)}$	$\dfrac{2x}{2x+4(1-x)}$	
分圧 p_i	$\dfrac{(1-x)p}{2x+4(1-x)}$	$\dfrac{3(1-x)p}{2x+4(1-x)}$	$\dfrac{2xp}{2x+4(1-x)}$	

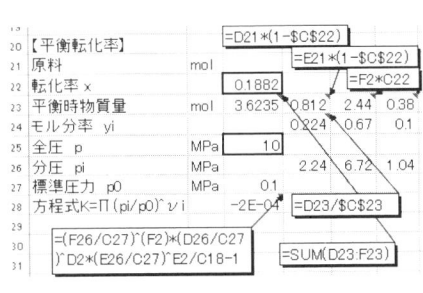

図 4.23 平衡転化率の計算シート 〈bce29.xls〉

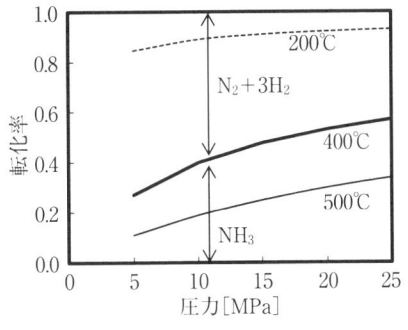

図 4.24 平衡組成(平衡転化率)

率 y_i を求め(表 4.3)(**24** 行),分圧を $p_i = p y_i$ で計算する(**26** 行).標準圧力を $p_0 = 0.10$ MPa として,平衡定数の定義より,

$$K = \prod \left(\frac{p_i}{p_0}\right)^{\nu_i} = \frac{(p_{\mathrm{NH3}}/p_0)^2}{(p_{\mathrm{N2}}/p_0)(p_{\mathrm{H2}}/p_0)^3} = \frac{(2x)^2 \{2x + 4(1-x)\}^2}{(1-x)\{3(1-x)\}^3} \left(\frac{p}{p_0}\right)^{-2}$$

である.この式は転化率 x に関する非線形方程式である.実際には $0 = (\left\{\frac{(p_{\mathrm{NH3}}/p_0)^2}{(p_{\mathrm{N2}}/p_0)(p_{\mathrm{H2}}/p_0)^3}\right\}/K - 1)$ として解いた(ゴールシークで **C28** を 0 とする転化率 x(**C22**)を求める).これより平衡転化率 0.188,平衡組成は $N_2 : H_2 : NH_3 = 0.224 : 0.672 : 0.104$ である.

図 4.24 にアンモニア合成反応の温度と圧力を変えて計算した転化率を示す.

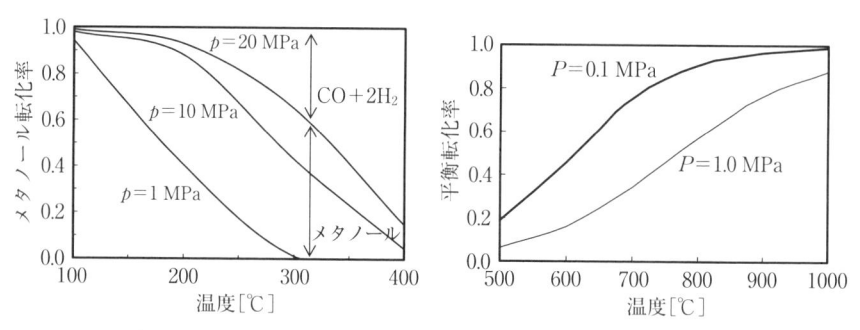

図 4.25 (a) メタノール合成反応(〈bce39.xls〉)と(b) メタン-水蒸気改質反応(〈bce29.xls〉)の平衡転化率

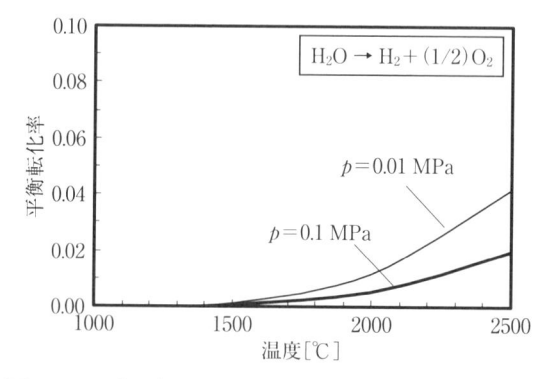

図 4.26 水蒸気熱分解反応(水素生成)の平衡転化率 〈bce29.xls〉

4.4 化学反応の平衡定数と平衡組成   131

この反応は物質量が減る反応なので,ルシャトリエの原理[1, p.216)どおり,圧力が大きいと平衡は生成物寄りとなり,転化率が大きくなる.図4.25(a)はメタノール合成反応の場合で,同様である.図4.25(b)はメタン-水蒸気改質反応($CH_4+H_2O \rightarrow CO+3H_2$)について計算した平衡転化率である.この反応は物質量が増加する反応なので,圧力が上がると平衡転化率が低下することが示されている.また,図4.26は同様に計算した水蒸気熱分解反応 $\left(H_2O \rightarrow H_2+\frac{1}{2}O_2\right)$ の平衡転化率である.

【例題4.24】 複合反応の平衡組成 〈bce09.xls〉

実際のメタンの改質操作では2つの平衡反応:

$$CH_4+H_2O \longrightarrow CO+3H_2 \tag{1}$$
$$CO+H_2O \longrightarrow CO_2+H_2 \tag{2}$$

が同時に生じている.各反応の平衡定数は1000℃で $K_1=7.92\times 10^3$,$K_2=5.70\times 10^{-1}$ である.原料を $CH_4:a=1$ mol,$H_2O:b=3$ mol として,圧力 $p=1.013$ MPa における平衡組成を求めよ.

(解) 反応(1)の CH_4 転化率を x,反応(2)の CO 転化率を y として,x,y の2つの未知数を解く問題となる.平衡時の各成分の物質量[mol]は $CH_4:a(1-x)$,$H_2O:b-ax(1+y)$,$CO:ax(1-y)$,$H_2:ax(3+y)$,$CO_2:axy$ で

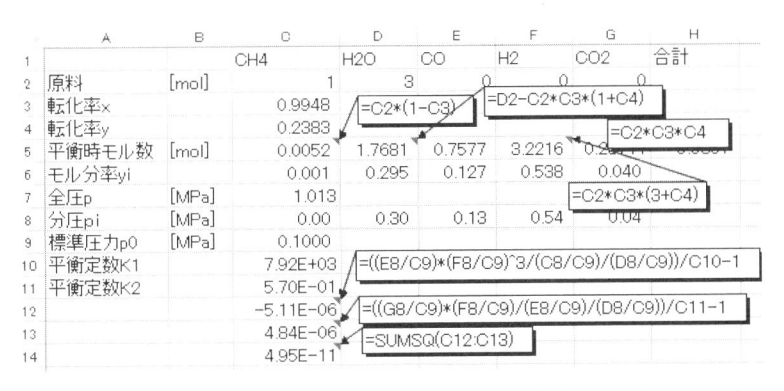

	A	B	C	D	E	F	G	H
1			CH4	H2O	CO	H2	CO2	合計
2	原料	[mol]	1	3				
3	転化率x		0.9948		=C2*(1-C3)		=D2-C2*C3*(1+C4)	
4	転化率y		0.2383				=C2*C3*C4	
5	平衡時モル数	[mol]	0.0052	1.7681	0.7577	3.2216		
6	モル分率yi		0.001	0.295	0.127	0.538	0.040	
7	全圧p	[MPa]	1.013				=C2*C3*(3+C4)	
8	分圧pi	[MPa]	0.00	0.30	0.13	0.54	0.04	
9	標準圧力p0	[MPa]	0.1000					
10	平衡定数K1		7.92E+03	=((E8/C9)*(F8/C9)^3/(C8/C9)/(D8/C9))/C10-1				
11	平衡定数K2		5.70E-01					
12			-5.11E-06	=((G8/C9)*(F8/C9)/(E8/C9)/(D8/C9))/C11-1				
13			4.84E-06	=SUMSQ(C12:C13)				
14			4.95E-11					

図 4.27 複合反応の平衡組成——ソルバーによる解法——〈bce09.xls〉

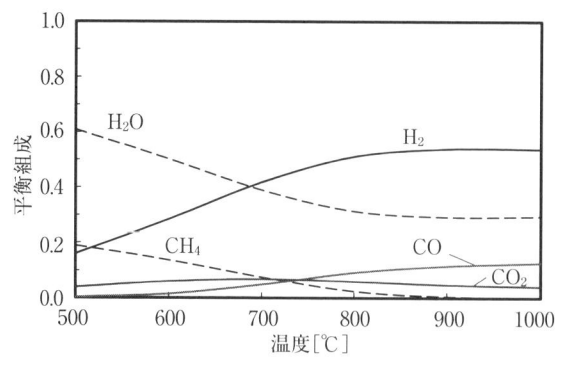

図 4.28 複合反応の平衡組成

ある．図 4.27 のシートで，これらより各成分のモル分率 y_i を求め(**6 行**)，分圧を $p_i = p y_i$ で計算する(**8 行**)．標準圧力を $p_0 = 0.10$ MPa として，平衡定数の定義より，

$$K_1 = \frac{(p_{CO}/p_0)(p_{H2}/p_0)^3}{(p_{CH4}/p_0)(p_{H2O}/p_0)} \quad \text{および} \quad K_2 = \frac{(p_{CO2}/p_0)(p_{H2}/p_0)}{(p_{CO}/p_0)(p_{H2O}/p_0)}$$

である．この式は未知数 x, y に関する連立方程式である．実際には両式を $0 = [左辺]/(K-1)$ として(**C12, C13**)，それらの残差 2 乗和(**C14**)をソルバーで最小化する方法で解いた．**6 行**が解である．参考のために図 4.28 に温度による H_2 生成率の変化を示す．

演 習 問 題

【4.1】(生成熱から反応熱) 指定の反応について量論係数を決めて反応式を書き，物性値表の生成熱 $\Delta_f \widehat{H}°$[kJ/mol] を用いて着目物質 1 mol あたりの標準反応熱 $\Delta_r H°$[kJ] を計算せよ．この反応は発熱反応か吸熱反応か？

	(反応物)	(生成物)
① メタン改質	$CH_4(g)$ と $H_2O(g)$	$CO(g)$ と $H_2(g)$
② $CO \to CO_2$	$CO(g)$ と $H_2O(g)$	$CO_2(g)$ と $H_2(g)$
③ $CO_2 \to CO$	$CO_2(g)$ と $H_2(g)$	$CO(g)$ と $H_2O(g)$
④ メタノール合成	$CO_2(g)$ と $H_2(g)$	$CH_3OH(g)$ と $H_2O(g)$

⑤ ナフサ改質　　　　　　$C_7H_{16}(g)$ と $H_2O(g)$　　$H_2(g)$ と $CO(g)$
⑥ ホルムアルデヒド合成　$CH_3OH(g)$ と $O_2(g)$　　$HCHO$ と $H_2O(g)$
⑦ ガソリン(ヘキサン)の燃焼　$C_6H_{14}(g)$ と $O_2(g)$　　$CO_2(g)$ と $H_2O(g)$
⑧ Claus 反応　　　　　　$H_2S(g)$ と $O_2(g)$　　$S(s)$ と $H_2O(g)$

【4.2】（ヘスの法則）以下の燃焼反応の反応熱が与えられている（H_2O の(g), (l)に注意．H_2O 以外は全て(g))．

① エタン　　　　$C_2H_6 + (7/2)O_2 \to 2CO_2 + 3H_2O(l)$　　$\Delta_r H° = -1559.8$ kJ
② 炭素　　　　　$C + O_2 \to CO_2$　　$\Delta_r H° = -393.5$ kJ
③ 水素　　　　　$H_2 + (1/2)O_2 \to H_2O(l)$　　$\Delta_r H° = -285.8$ kJ
④ メタン　　　　$CH_4 + 2O_2 \to CO_2 + 2H_2O(l)$　　$\Delta_r H° = -890.4$ kJ
⑤ メタノール　　$CH_3OH + (3/2)O_2 \to CO_2 + 2H_2O(l)$　　$\Delta_r H° = -764.0$ kJ
⑥ 一酸化炭素　　$CO + (1/2)O_2 \to CO_2$　　$\Delta_r H° = -283.0$ kJ
⑦ 水の蒸発　　　$H_2O(l) \to H_2O(g)$　　$\Delta_r H° = +44.0$ kJ
⑧ 酢酸　　　　　$CH_3COOH + 2O_2 \to 2CO_2 + 2H_2O(l)$　　$\Delta_r H° = -919.7$ kJ
⑨ ホルムアルデヒド　$HCHO + O_2 \to CO_2 + H_2O(l)$　　$\Delta_r H° = -563.5$ kJ
⑩ プロパン　　　$C_3H_8 + 5O_2 \to 3CO_2 + 4H_2O(l)$　　$\Delta_r H° = -2220.0$ kJ
⑪ エタノール　　$C_2H_5OH + 3O_2 \to 2CO_2 + 3H_2O(l)$　　$\Delta_r H° = -1409.3$ kJ
⑫ エチレン　　　$C_2H_4 + 3O_2 \to 2CO_2 + 2H_2O(l)$　　$\Delta_r H° = -1411.0$ kJ

以下の各反応の反応熱 $\Delta_r H°$ [kJ]を推算せよ．

A：（エタン生成）　　　　$2C + 3H_2 \to C_2H_6$
B：（メタン生成）　　　　$C + 2H_2 \to CH_4$
C：（メタノール合成1）　　$CO + 2H_2 \to CH_3OH$
D：（メタノール合成2）　　$CO_2 + 3H_2 \to CH_3OH + H_2O(g)$
E：（酢酸合成）　　　　　$CH_3OH + CO \to CH_3COOH$
F：（ホルムアルデヒド合成）$CH_3OH + (1/2)O_2 \to HCHO + H_2O(g)$
G：（プロパン生成）　　　$3C + 4H_2 \to C_3H_8$
H：（エタノール合成）　　$C_2H_4 + H_2O(g) \to C_2H_5OH$
I：（エチレン生成）　　　$2C + 2H_2 \to C_2H_4$

【4.3】（燃焼熱から生成熱の計算）以下の燃焼熱からアセチレン $C_2H_2(g)$（生成反応：$2C(\beta) + H_2(g) \longrightarrow C_2H_2(g)$）の生成熱を求めよ．

① アセチレン燃焼熱　$C_2H_2(g) + (5/2)O_2(g) \to 2CO_2(g) + H_2O(l)$　　$\Delta_c H° = -1299.6$ kJ
② 炭素燃焼熱　　　　$C(\beta) + O_2(g) \to CO_2(g)$　　$\Delta_c H° = -393.5$ kJ
③ 水素燃焼熱　　　　$H_2(g) + (1/2)O_2(g) \to H_2O(l)$　　$\Delta_c H° = -285.8$ kJ

【4.4】（反応熱などからの生成熱の計算）以下の燃焼熱などからプロピレンの生成熱を

求めよ．

① $C_3H_6 + H_2 \rightarrow C_3H_8$　　　　　　　$\Delta H° = -123.8$ kJ

② $C_3H_8 + 5O_2 \rightarrow 3CO_2 + 4H_2O(l)$　　$\Delta H° = -2220.0$ kJ

③ $H_2 + (1/2)O_2 \rightarrow H_2O(l)$　　　　　$\Delta H° = -285.8$ kJ

④ $C(\beta) + O_2 \rightarrow CO_2$　　　　　　　$\Delta H° = -393.5$ kJ

【4.5】（反応熱から生成熱）メタノールは水素と一酸化炭素または二酸化炭素の反応で合成される．その反応と反応熱は以下のようである．基準は着目物質 1 mol.

① $CO(g) + 2H_2(g) \rightarrow CH_3OH(g)$　　　　　$\Delta_r H° = -90.7$ kJ

② $CO_2(g) + 3H_2(g) \rightarrow CH_3OH(g) + H_2O(g)$　$\Delta_r H° = -49.3$ kJ

　合成されたメタノールを原料として次の反応：

③ $CH_3OH(g) + CO(g) \rightarrow CH_3COOH(g)$　　$\Delta_r H° = -126.6$ kJ

により酢酸が合成され，次の反応：

④ $CH_3OH(g) + (1/2)O_2(g) \rightarrow HCHO(g) + H_2O(g)$　　$\Delta_r H° = -156.3$ kJ

によりホルムアルデヒドが生成する．

酢酸の生成熱は $\Delta_f H° = -438.1$ kJ/mol，ホルムアルデヒドの生成熱は $\Delta_f H° = -115.8$ kJ/mol である（酸素および水素の生成熱は 0）．

メタノール，一酸化炭素，二酸化炭素，水（$H_2O(g)$）の生成熱 [kJ/mol] を求めよ（大学入試問題より）．

【4.6】炭化水素から水素を生成する3つの反応：

メタノールの分解反応（合成反応の逆反応）：$CH_3OH(g) \longrightarrow CO + 2H_2$

ヘキサン（ガソリン）改質反応：$C_6H_{14}(g) + 6H_2O \longrightarrow 6CO + 13H_2$

メタン改質反応：$CH_4 + H_2O \longrightarrow CO + 3H_2$

について，圧力 0.1 MPa の条件で平衡転化率 0.9 となる温度を比較せよ．

【4.7】式(4.30)は純成分にも適用できる．水の蒸発を，

$$H_2O(l) \longrightarrow H_2O(g)$$

　　($\Delta_f \bar{G}°_{298}$ [kJ/mol]　　-237.13　　-228.57)

なる反応とみなすと，1成分での式(4.30)：$\Delta_r G° = -RT\ln(p/p_0)$ において，p が 298 K での水蒸気圧（3.16 kPa）となる．これを求めよ．

5 熱と物質の同時収支

5.1 断熱反応温度と理論燃焼温度

流通系反応器では反応熱が発生すると生成物が加熱される．逆に吸熱反応では生成物の温度が下がる．このように反応で生成する熱が外部に失われることなく，全て生成物の加熱(冷却)に使われるとして理論的に計算した生成物の温度を**断熱反応温度**という．また，燃焼反応における生成物(火炎)温度の理論的計算を特に**理論燃焼温度**(**断熱火炎温度**, adiabatic flame temperature)という．これらの計算は反応熱と反応物，生成物の物質量が関連する熱と物質の同時収支問題の例である(図5.1)．

断熱条件での反応におけるエンタルピー収支は式(4.17)で左辺を0(断熱)として次式で表せる．

$$(\Delta H_P - \Delta H_R) + \Delta_r H_{298}^\circ = 0 \tag{5.1}$$

$\Delta_r H^\circ$ [kJ]は転化率などを考慮した，実際に反応が生じた分の反応熱である．反応物R, 生成物Pのエンタルピー変化:

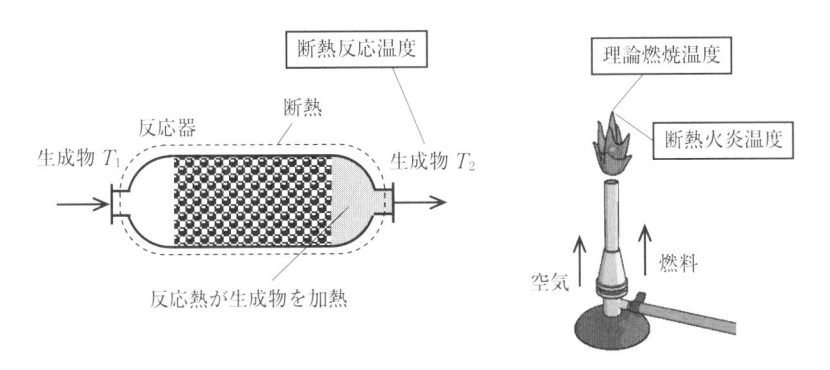

図 5.1 断熱反応温度，理論燃焼温度

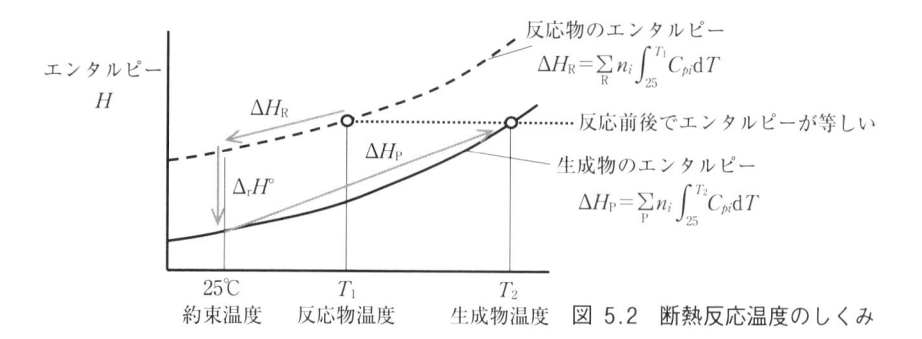

5 熱と物質の同時収支

図 5.2 断熱反応温度のしくみ

反応物のエンタルピー
$$\Delta H_R = \sum_R n_i \int_{25}^{T_1} C_{pi} dT$$

生成物のエンタルピー
$$\Delta H_P = \sum_P n_i \int_{25}^{T_2} C_{pi} dT$$

反応前後でエンタルピーが等しい

25℃ 約束温度　T_1 反応物温度　T_2 生成物温度

$$(\Delta H_P - \Delta H_R) = \sum_P n_i \int_{25}^{T_2} C_{pi} dT - \sum_R n_i \int_{25}^{T_1} C_{pi} dT \tag{5.2}$$

はプロセスに存在するイナートガス，未反応ガスを含む全物質についての総計である．n_i が各物質量 [mol] で，計算上は反応物 (R) は (−)（マイナス），生成物 (P) は (+)（プラス）とする．式 (5.1) の関係を図 5.2 に示す．反応が発熱反応の場合は，反応前後のエンタルピーが等しくなるまで生成物の温度が上昇することを示している．

【例題 5.1】 断熱反応温度 〈bce46.xls〉

アンモニア合成塔でアンモニア生成反応：$N_2(g) + 3H_2(g) \longrightarrow 2NH_3(g)$ の転化率が 0.19 である．原料ガスが $T_1 = 400℃$ で供給されたとき，生成ガス（反応器出口ガス）の温度 T_2 を求めよ．

（解）原料 N_2 の 1 mol 基準で考えると，物質収支表は以下のとおりである．

	【反応物 R】	【生成物 P】
$N_2(g)$	1 mol	0.81 mol
$H_2(g)$	3	2.43
$NH_3(g)$		0.38

これにより反応物，生成物の物質量 n_i は図 5.3 のシートの L 列のようになる．この反応の標準反応熱は NH_3 1 mol あたり $\Delta_r H° = -46.11$ kJ なので，転

5.1 断熱反応温度と理論燃焼温度

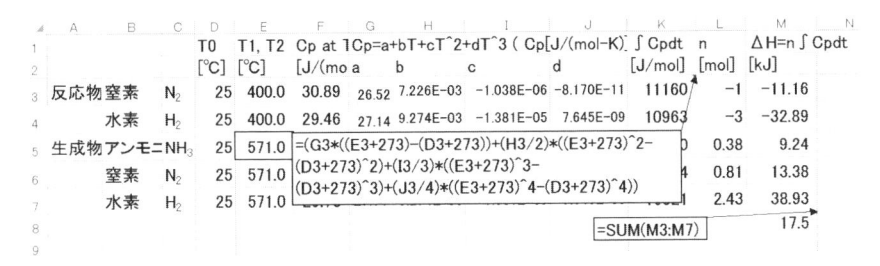

	A	B	C	D	E	F	G	H	I	J	K	L	M	N
1				T0	T1, T2	Cp at 1	Cp=a+bT+cT^2+dT^3			(Cp[J/(mol-K)	∫ Cpdt	n	ΔH=n ∫ Cpdt	
2				[°C]	[°C]	[J/(mo	a	b	c	d	[J/mol]	[mol]	[kJ]	
3	反応物窒素		N_2	25	400.0	30.89	26.52	7.226E-03	-1.038E-06	-8.170E-11	11160	-1	-11.16	
4		水素	H_2	25	400.0	29.46	27.14	9.274E-03	-1.381E-06	7.645E-09	10963	-3	-32.89	
5	生成物アンモニ		NH_3	25	571.0	=(G3*((E3+273)-(D3+273))+(H3/2)*((E3+273)^2-					0.38	9.24	
6		窒素	N_2	25	571.0	(D3+273)^2)+(I3/3)*((E3+273)^3-					0.81	13.38	
7		水素	H_2	25	571.0	(D3+273)^3)+(J3/4)*((E3+273)^4-(D3+273)^4))					2.43	38.93	
8											=SUM(M3:M7)		17.5	
9														

図 5.3　断熱反応温度計算シート〈bce46.xls〉

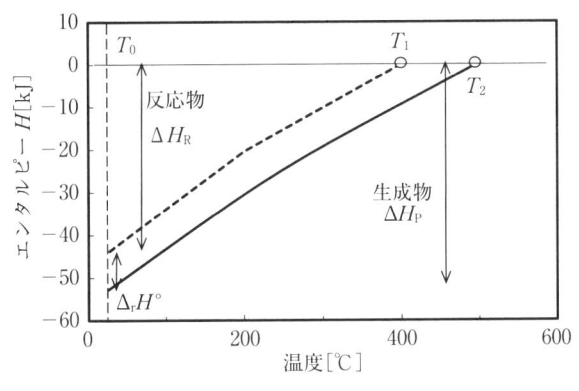

図 5.4　断熱反応温度

化率 0.19 を考慮して反応熱は $\Delta_r H° = -17.5$ kJ (発熱) である. E 列に反応器入口温度 T_1, 反応器出口温度 T_2 (仮の温度) を設定し, 各成分のエンタルピー変化を M 列に求める. この合計 (M8) が $(\Delta H_P - \Delta H_R)$ である. 式 (5.1) より, M8 が $-\Delta_r H° = 17.5$ kJ に等しくなる T_2 をゴールシークで求める. $T_2 = 571$°C となった. この過程を図 5.4 に示す.

【例題 5.2】 理論燃焼温度 (断熱火炎温度)〈bce36.xls〉

メタンを量論比で燃焼するときの理論燃焼温度を求めよ. メタン, 空気は 25°C で供給するものとする.

$$CH_4(g) + 2O_2(g) \rightarrow CO_2(g) + 2H_2O(g)$$

$(\Delta_f \widehat{H}°[\text{kJ/mol}]: \quad -74.8 \quad\quad 0 \quad\quad -393.5 \quad -241.8)$

(解) 基準を CH_4 1 mol とすると,完全燃焼として物質収支表は以下のとおりである.

	【反応物 R】	【生成物 P】
$CH_4(g)$	1 mol	
$O_2(g)$	2	
$N_2(g)$	7.52	7.52 mol
$CO_2(g)$		1
$H_2O(g)$		2

生成ガスの物質量 n_i は $n_{CO_2}=1$ mol, $n_{H_2O}=2$, $n_{N_2}=7.52$ である.理論燃焼温度の計算では反応物は25℃で供給されるので反応物のエンタルピー変化 ΔH_R は0である.各成分のエンタルピー変化を図5.5のシートのM列に求める.この合計(M6)が $(\Delta H_P - \Delta H_R)$ である.完全燃焼のときの反応熱は反応式の標

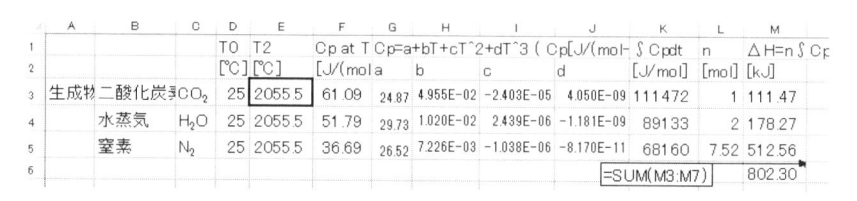

	A	B	C	D	E	F	G	H	I	J	K	L	M
1				T0	T2	Cp at T Cp=a+bT+cT^2+dT^3				(Cp[J/(mol·	∫ Cpdt	n	ΔH=n∫ Cp
2				[℃]	[℃]	[J/(mol·a	b	c	d		[J/mol]	[mol]	[kJ]
3	生成物	二酸化炭素	CO_2	25	2055.5	61.09	24.87	4.955E-02	-2.403E-05	4.050E-09	111472	1	111.47
4		水蒸気	H_2O	25	2055.5	51.79	29.73	1.020E-02	2.439E-06	-1.181E-09	89133	2	178.27
5		窒素	N_2	25	2055.5	36.69	26.52	7.226E-03	-1.038E-06	-8.170E-11	68160	7.52	512.56
6											=SUM(M3:M7)		802.30

図 5.5 理論燃焼温度——メタン——計算シート 〈bce36.xls〉

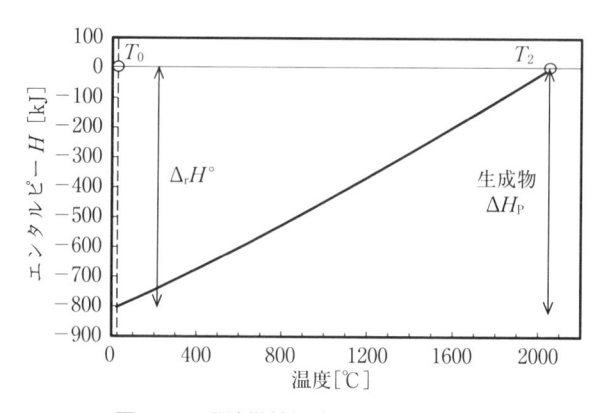

図 5.6 理論燃焼温度——メタン——

準反応熱 $\Delta_r H^\circ = -802.3$ kJ（発熱）である．**M6** が 802.3 kJ となる T_2 をゴールシークで求めると $T_2 = 2055$℃となる．この過程を図 5.6 に示す．

【例題 5.3】　過剰空気を含む理論燃焼温度（断熱火炎温度）〈bce36.xls〉

メタンを 30％過剰空気で燃焼するときの理論燃焼温度を求めよ．

（解）　基準を CH_4 1 mol とすると，完全燃焼として物質収支表は以下のとおりである．燃焼ガスの O_2，N_2 量が過剰空気分増える．

	【反応物 R】	【生成物 P】
CH_4(g)	1 mol	
O_2(g)	2.6	0.6 mol
N_2(g)	9.78	9.78
CO_2(g)		1
H_2O(g)		2

この生成ガスの物質量 n_i を図 5.7 のシートの **L5**：**L8** に書き，全エンタルピー変化の **M9** セルが燃焼エンタルピー 802.3 kJ と等しくなる T_2 をゴールシークで求める．$T_2 = 1692$℃となる．過剰空気により燃焼ガスの温度が低下する．メタンの燃焼における過剰空気と理論燃焼温度の関係を図 5.8 に示す．

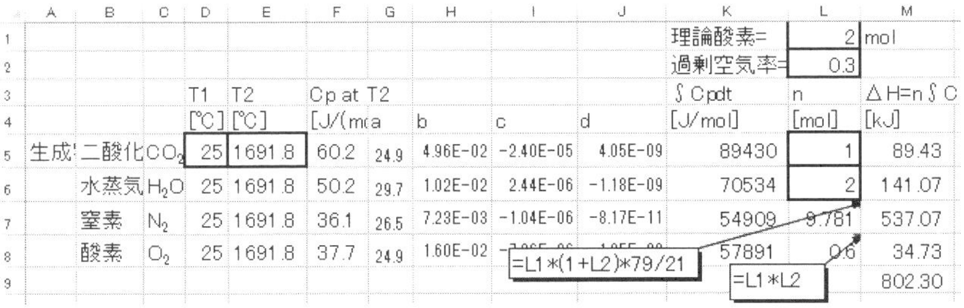

	A	B	C	D	E	F	G	H	I	J	K	L	M
1											理論酸素=	2	mol
2											過剰空気率=	0.3	
3				T1	T2	Cp at T2					∫Cpdt	n	ΔH=n∫C
4				[℃]	[℃]	[J/(mo	a	b	c	d	[J/mol]	[mol]	[kJ]
5	生成	二酸化	CO_2	25	1691.8	60.2	24.9	4.96E-02	-2.40E-05	4.05E-09	89430	1	89.43
6		水蒸気	H_2O	25	1691.8	50.2	29.7	1.02E-02	2.44E-06	-1.18E-09	70534	2	141.07
7		窒素	N_2	25	1691.8	36.1	26.5	7.23E-03	-1.04E-06	-8.17E-11	54909	9.781	537.07
8		酸素	O_2	25	1691.8	37.7	24.9	1.60E-02	[illegible]	[illegible]	57891	0.6	34.73
9													802.30

図 5.7　過剰空気を伴う理論燃焼温度の計算〈bce36.xls〉

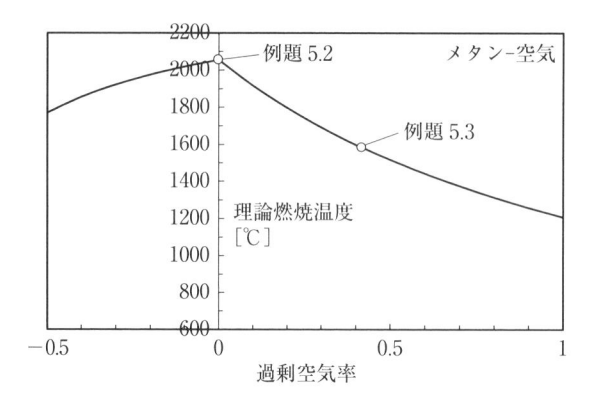

図 5.8　メタンの燃焼における燃焼温度と過剰空気率の関係

5.2　水-空気系の熱と物質の同時収支——湿球温度——
5.2.1　湿球温度と湿度図表

水-空気系における湿球温度の現象は，水蒸気圧に関連した熱と物質の同時収支として解析される．

棒状温度計を2本一組で用い，片方の温度計の球部(bulb)を常に湿らせておくのが乾湿球温度計である(図5.9)．湿らせたほうの表示温度 T_s を湿球温度(wet-bulb temprature)といい，これは片側の乾球の温度(空気温度) T より常に低い．この温度差 $(T-T_s)$ は湿球での水の蒸発潜熱の消費に比例するので，空気の湿度が低いほど水の蒸発速度が大きくなり，温度差が大きくなる．この

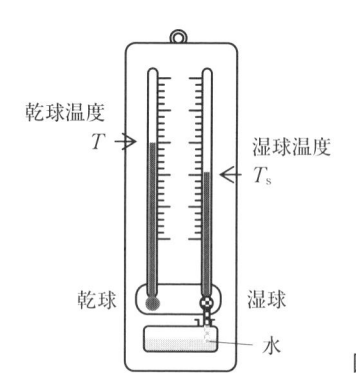

図 5.9　乾湿球温度計と湿球温度

5.2 水-空気系の熱と物質の同時収支——湿球温度——

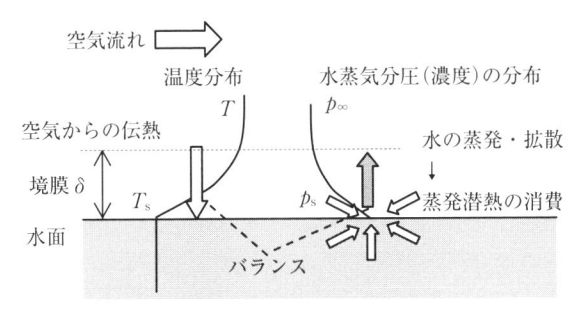

図 5.10 湿球温度の原理

ことを利用して空気の湿度を測ることができる．

この湿球温度 T_s を温度 T の空気流れに接した水面の上の熱移動と物質移動（水の蒸発）のモデルで考える（図5.10）．水面の温度 T_s は空気の温度より低いので，この温度差 $(T-T_s)$ を推進力として空気から水面へ伝熱 $q_{伝熱}$ [W/m²] が生じる．これを顕熱（sensible heat）移動という．顕熱移動速度は水面上に厚さ δ [m] の空気境膜を考え，λ [W/(m·K)] を空気の熱伝導度として，フーリエの法則から次式で表せる．

$$q_{伝熱} = -\frac{\lambda}{\delta}(T-T_s) \tag{5.3}$$

一方，水面上の水蒸気分圧は水面温度 T_s における飽和水蒸気圧 p_s であり，空気中の水蒸気分圧 p_∞ より大きい．この水面と空気との水蒸気分圧差 $(p_\infty-p_s)$ [kPa]，すなわち水蒸気濃度差 $(c_{A\infty}-c_{As})$ [mol/m³] を推進力として水の蒸発が生じている．水の蒸発速度（物質移動流束）N_A [mol/(m²·s)] は伝熱と同様に境膜モデルを用いると，式(5.3)と同様に次式で表せる．

$$N_A = -\frac{D_{AB}}{\delta}(c_{A\infty}-c_{As}) = -\frac{D_{AB}}{\delta}\frac{1}{RT}(p_\infty-p_s) \tag{5.4}$$

（ここで，D_{AB} [m²/s] は拡散係数，$R=8.3\times10^{-3}$ kPa·m³/(mol·K)) は気体定数）

この水の蒸発に伴い，次式のように蒸発潜熱 $q_{蒸発}$ が水面で消費される．

$$q_{蒸発} = \Delta H_v N_A = \Delta H_v \left[-\frac{D_{AB}}{\delta}\frac{1}{RT}(p_\infty-p_s)\right] \tag{5.5}$$

（ここで，$\Delta H_v = 43720$ J/mol は水のモル蒸発潜熱）

これを潜熱移動という．顕熱移動と潜熱移動が等しい：
$$q_{伝熱}+q_{蒸発}=0 \tag{5.6}$$
のが実際の現象であり，このとき水面温度 T_s は温度 T，水蒸気分圧 p_∞ の空気の湿球温度になる．

【例題5.4】 湿球温度 〈bce81.xls〉

気温 $T=36℃$，湿度 60%，すなわち水蒸気分圧 $p_\infty=3.55\,\mathrm{kPa}$ の空気の湿球温度 T_s を求めよ．

（解）境膜厚さ δ を 2 mm，$T_s=28.8℃$ を仮定すると，式(5.3)は，
$$q_{伝熱}=-94.6\,\mathrm{W/m^2}=-\frac{0.0263\,\mathrm{W/(m\cdot K)}}{0.002\,\mathrm{m}}(36-28.8℃)$$

式(5.5)は，
$q_{蒸発}=94.6\,\mathrm{W/m^2}$
$$=43720\,\mathrm{J/mol}\times\left[-\frac{2.88\times10^{-5}\,\mathrm{m^2/s}}{0.002\,\mathrm{m}}\times\frac{1}{8.3\times10^{-3}\times309\,\mathrm{K}}(3.55-3.94\,\mathrm{kPa})\right]$$

となり，$(q_{伝熱}+q_{蒸発}=0)$ となる．よって $T_s=28.8℃$ が気温 36℃，湿度 60% RH 空気の湿球温度である．この計算をゴールシークでおこなったのが図 5.11 のシートであり，その状態を図示したのが図 5.12 である．

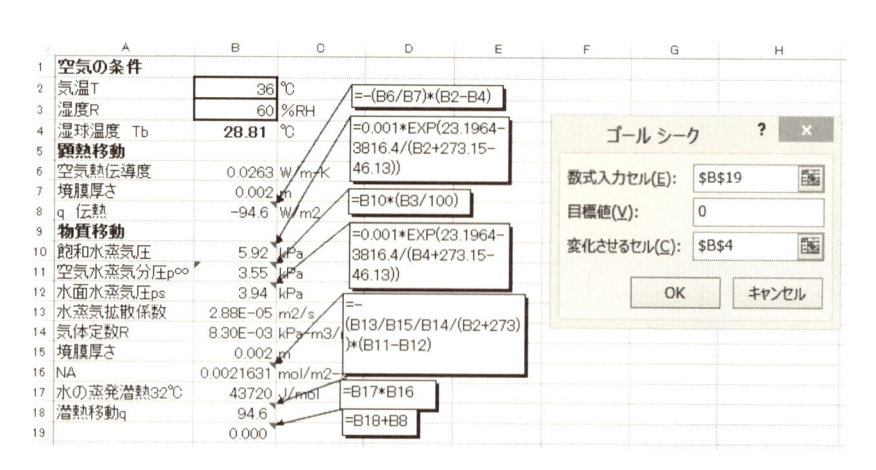

図5.11　湿球温度の計算 〈bce81.xls〉

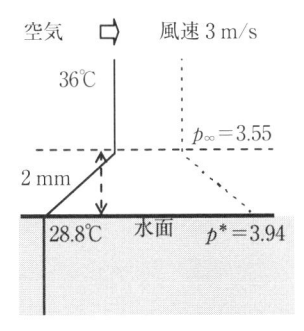

5.2 水-空気系の熱と物質の同時収支——湿球温度——

図 5.12 湿球温度の状態

なお，この計算過程から，境膜厚さ δ は伝熱量($q_{伝熱}$, $q_{蒸発}$)に影響するが，湿球温度 T_s は変わらないことがわかる．すなわち湿球温度は空気の温度と湿度のみで決まり，空気の流れの状態によらない．

湿球温度を決める式(5.6)の水蒸気分圧 p を絶対湿度 H ($H = \frac{18}{29} \cdot \frac{p}{(101.3-p)} \approx \frac{18}{29} \frac{p}{101}$) に置き換えると，次式のようになる．

$$\Delta H_v \left[-D_{AB} \frac{1}{RT} \frac{1}{(18/29)(1/101)} (H - H_s) \right] = \lambda (T - T_s) \quad (5.7)$$

すなわち，

$$(H_s - H) = -\frac{\lambda (RT \times (18/29) \times (1/101))}{\Delta H_v D_{AB}} (T_s - T)$$

$$= -\frac{14.1}{\Delta H_v [\text{J/mol}]} (T_s - T)$$

$$= -\frac{0.88}{l_w [\text{kJ/kg-H}_2\text{O}]} (T_s - T) \quad (5.8)$$

となる．ここで，l_w ($=2426$ kJ/kg-H$_2$O(30℃)) は水の蒸発潜熱である．実際は多くの実験により係数が 1.09 の実験式：

$$(H_s - H) = -\frac{1.09}{l_w} (T_s - T) = -0.00045 (T_s - T) \quad (5.9)$$

が成り立つとされている．式(5.9)が湿度図表上の**等湿球温度線**(psychrometric line)である．

なお，式(5.7)を物質移動係数 k [m/s]，空気密度 ρ [kg-air/m^3]，伝熱係数 h [kJ/(m^2·s·K)] $=\lambda/\delta$ で書くと，

$$l_w k\rho (H-H_s) = -h(T-T_s), \quad \text{すなわち} \quad T_s = -\frac{l_w k\rho}{h}(H_s - H) - T \tag{5.10}$$

となる.

5.2.2 空気の断熱加湿と断熱冷却線

次に，空気の断熱加湿操作を以下の例題で考える.

【例題 5.5】 空気の断熱下の加湿

温度 $T_1=30℃$，湿度 $H_1=0.005\,\text{kg/kg}$ の空気に $0.005\,\text{kg}$ の水を蒸発させて $H_2=0.01\,\text{kg/kg}$ に加湿すると，温度 T_2 はどうなるか(図 5.13). $1\,\text{kg}$ 乾燥空気を基準とする．湿り空気の熱容量 $c_H = c_g + c_v \bar{H} = 1.005 + 1.884 \times 0.0075 = 1.019\,\text{kJ/(K·kg)}$ である.

基準：乾燥空気 1 kg

$T_1=30℃$
$H_1=0.005\,\text{kg/kg}$

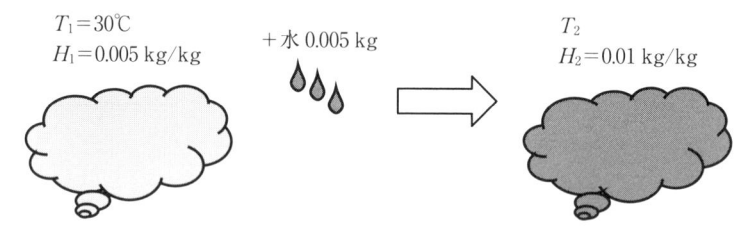

+水 0.005 kg

T_2
$H_2=0.01\,\text{kg/kg}$

図 5.13 空気の断熱加湿

（解） $(H_2-H_1)=0.005\,\text{kg/kg}$ 分の蒸発潜熱の消費は $l_w(H_2-H_1)=2426 \times 0.005 = 12.2\,\text{kJ/kg-乾燥空気}$ である．この熱消費分で，熱容量 c_H の空気を冷却するので，温度低下は

$$\Delta T = -\frac{l_w(H_2-H_1)}{c_H} = -\frac{12.2}{1.019} = -12.0\,\text{K}$$

である．すなわち $T_2=18℃$ となる.

この断熱加湿の過程を定式化すると，$l_w(H_2-H_1) = -c_H(T_2-T_1)$ すなわち,

$$(H_2 - H_1) = -\frac{c_\mathrm{H}}{l_\mathrm{w}}(T_2 - T_1) \approx -\frac{1.0}{l_\mathrm{w}}(T_2 - T_1) \tag{5.11}$$

である．湿度図表上でこれを**断熱冷却線**(adiabatic cooling line)または**断熱飽和線**(adiabatic saturation line)という．

この式と等湿球温度線の式(式(5.9))を比較すると，湿度図表上(T-H関係)で両者はほとんど一致する(係数1.0と1.09の違い)．よって湿度図表において，等湿球温度線と断熱冷却線は同一として取り扱われる．なお，湿球温度T_sの関係式(5.10)と断熱冷却の式(5.11)を比較すると，

$$c_\mathrm{H} = \frac{h}{\rho k} \tag{5.12}$$

である(c_H[kJ/(K·kg-air)]，h[kJ/(m²·s·K)]，K[m/s]，ρ[kg-air/m³])．これが水-空気系におけるルイスの関係とよばれる．

ここで，ルイスの関係$\left(1.0 = \dfrac{h}{c_\mathrm{H}\rho k}\right)$の右辺を考える．境膜説によると，伝熱境膜厚さ$\delta_\mathrm{H}$，物質移動境膜厚さ$\delta_\mathrm{M}$を考えると $\dfrac{h}{c_\mathrm{H}\rho k} = \dfrac{(\lambda/\delta_\mathrm{H})}{c_\mathrm{H}\rho(D_\mathrm{AB}/\delta_\mathrm{M})}$ であり，空気中では$\delta_\mathrm{H} = \delta_\mathrm{M}$とみなせるので，$\dfrac{\lambda}{c_\mathrm{H}\rho D_\mathrm{AB}} = \dfrac{\alpha}{D_\mathrm{AB}} \equiv Le$ となる($\alpha = \dfrac{\lambda}{c_\mathrm{H}\rho}$：熱拡散率)．$Le$がルイス数という無次元数である．湿り空気の物性値$\lambda = 0.0263$ J/(m·s·K)，$\rho = 1.3$ kg/m³，$c_\mathrm{H} = 1019$ J/(K·kg)，$D_\mathrm{AB} = 2.56 \times 10^{-5}$ m²/s を考慮すると，$Le = 0.77$で，1.0に近い．つまり，ルイスの関係は伝熱・物質移動境膜厚さの同等性と空気の物性値の組み合わせ((熱拡散率)/(拡散係数))に基礎がある．なお，等湿球温度線と断熱冷却線が同一なのは$Le \approx 1$の水-空気系に特有のことであり，他の蒸気では成り立たない．

5.2.3　Excelシート上の湿度図表と水-空気系プロセス計算

湿度図表では空気の温度Tと絶対湿度H[kg-水蒸気/kg-乾燥空気]の座標上に，相対湿度φ[%]線と断熱冷却線(等湿球温度線)が示されている．これらを数値的に求めるシートが図5.14である．セルB2:B5では温度Tと相対湿度から絶対湿度Hを計算する．B3は飽和水蒸気圧p_sである．これと相対湿度φ(式(3.20))から絶対湿度Hを式(3.21)よりセルB5に得る．次に(T, H)(セルB9，B8)の湿り空気の湿球温度とその温度の飽和湿度$(T_\mathrm{s}, H_\mathrm{s})$(セルB11，B10)間の関係を求める．このため，断熱冷却線の式(式(5.11))の残差を

146   5 熱と物質の同時収支

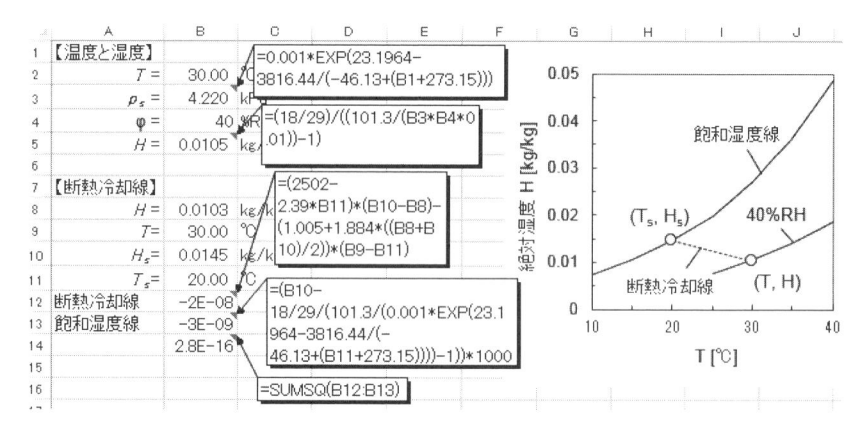

図 5.14 Excel 上の湿度図表〈bce78.xls〉

セル B12 に，飽和湿度線の式（アントワン式(3.19)と式(3.21)）の残差をセル B13 に記述し，これらの残差 2 乗和を B14 とする．この連立方程式を解くことにより，ある湿り空気の T, H, T_s, H_s のうち 2 つが与えられると他の値が求められ，湿度図表上の値が計算で求められる．この湿度図表シートの使い方を例題で示す．また，これを活用した冷水塔の熱および物質収支計算例を述べる．

【例題5.6】 湿球温度からの湿度の計算〈bce78.xls〉

乾湿球温度計で乾球温度 $T=30℃$，湿球温度 $T_s=20℃$ であった．この空気の相対湿度 φ を求めよ．

（解） 湿度図表上の断熱冷却線（式(5.11)）が湿球温度・乾球温度の関係を表す．図 5.14 のシートのセル B9, B11 に T, T_s を入力し，ソルバーで目的セル B14，目標値：最小値，変化させるセル B8, B10 として実行する．その結果 $H=0.0103$ kg/kg，$H_s=0.0145$ kg/kg を得る．

次にセル B2 に $T=30$ を入れ，ゴールシークで目的セル B5，目標値 $H=0.0103$，変化させるセル B4 として実行する．これにより相対湿度 $\varphi=40\%RH$ と求められる．

5.2 水-空気系の熱と物質の同時収支——湿球温度——

【例題 5.7】 冷水塔の熱および物質収支 〈bce79.xls〉

外気(入口空気)は温度 26.7℃, 湿球温度 18.3℃, 湿度 $H_\text{in}=0.0095$ kg/kg である. この入口空気の乾燥空気 1.0 kg 基準で 0.77 kg の 50℃温水を冷水塔により冷却する. 出口空気の温度は $T=34.9$℃であった(図 5.15). 冷却水温度 T_s と H_out に加湿された出口空気の温度 T は湿度図表上で湿球温度線(断熱冷却線)の関係にある(図 5.16). 冷却水温度 T_s を求めよ[2, p.900].

(解) 乾燥空気 1.0 kg 基準で考える. 出口空気の湿度を H_out とすると, 水の蒸発による潜熱移動は$((1\,\text{kg-乾燥空気})\times 2426\,\text{kJ/kg}(\text{蒸発潜熱})\times(H_\text{out}-H_\text{in}))$, 空気の温度上昇に要した熱は$((1\,\text{kg-乾燥空気})\times 1.04\,\text{kJ/(kg·K)}(\text{空気熱容量})\times(34.9℃-26.7℃))$, 水の温度低下分の熱は$(0.77\,\text{kg}\times 4.18\,\text{kJ/(kg·K)}(\text{水熱容量})\times(50℃-T_\text{s}))$である. これらは, (水の温度低下)=(空気の温度上昇)+(蒸発潜熱)の関係にあるので, 次式となる.

$(0.77\times 4.18\times(50-T_\text{s}))=(1.04\times(34.9-26.7))+(2426\times(H_\text{out}-0.0095))$

湿度図表上で H_out を試行して, この式が成り立つ断熱冷却線$(T=34.9,\ H_\text{out})-(T_\text{s},H_\text{s})$を求める. 結果は $H_\text{out}=0.0296$, $T_\text{s}=32.2$℃である. よって, 冷却水温度は 32.2℃である.

図 5.15 冷水塔

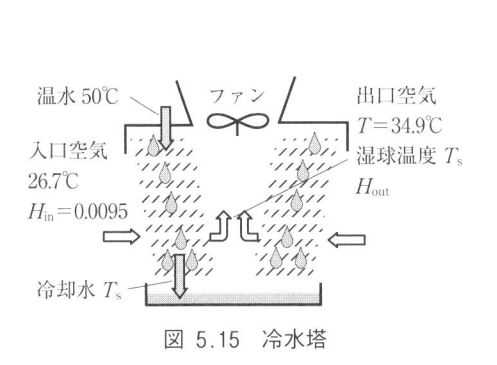

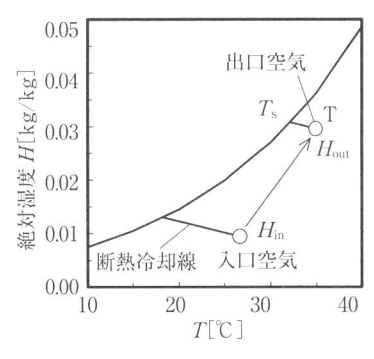

図 5.16 冷水塔の計算 〈bce79.xls〉

演習問題

【5.1】（過剰空気を伴う理論燃焼温度）　ガソリンを20％過剰空気率で完全燃焼させたときの理論燃焼温度を求めよ．ガソリンは25℃で供給され，ガソリンの主成分は n-ヘキサンとする．反応式，成分の生成熱は以下のようである．

$$C_6H_{14}(l) + 9.5O_2(g) \longrightarrow 6CO_2(g) + 7H_2O(g)$$

($\Delta_f \widehat{H}°$ [kJ/mol])：-167.3　　　0　　　　-393.5　　-241.8

【5.2】（増湿による空気の冷却）　40℃，湿度 $H_{in} = 0.0089$ kg/kg の空気を水のシャワーで冷却する．水は十分大量に循環しており，水温は入口空気の湿球温度 T_s で一定となる．入口空気は断熱冷却線上を増湿・冷却され，湿球温度 T_s に近づく（下図）．空気が湿度 $H_{out} = 0.0144$ kg/kg まで加湿されると，その温度 T は何度になるか[2, p.898]．

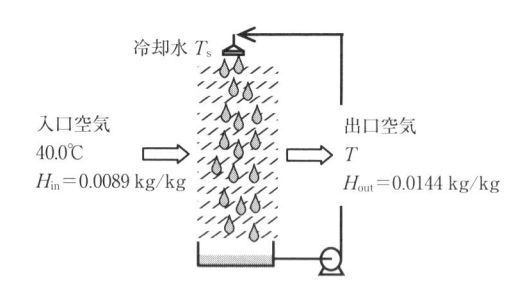

6 非定常物質収支・熱収支

6.1 回分反応の速度式

前章まではプロセスの定常状態での収支を扱ったので,系外からの出入りの収支のみを考えた(2章,式(2.2)).しかし,現実のプロセスでは外部要因や運転の開始・終了時などで,非定常状態が必ず存在する.また,回分式操作一般は非定常のプロセスである.このような非定常状態のプロセスでは系内部の量の時間変化(蓄積)を考慮する必要があり,一般的な収支式が,左辺に蓄積項のある次式となる.

(系内の変化(蓄積)) = (流入速度) − (流出速度) + (系内の生成・消滅)

(6.1)

例えば成分 A の物質量について考える.濃度を c_A [mol/m^3],系の容積を V [m^3]とすると,系内の物質量は Vc_A [mol]なので,収支式より系内の物質量変化が,

$$V\frac{dc_A}{dt} = (\text{A成分流入速度}) - (\text{A成分流出速度}) + (\text{系内の生成・消失})$$

[mol/s] (6.2)

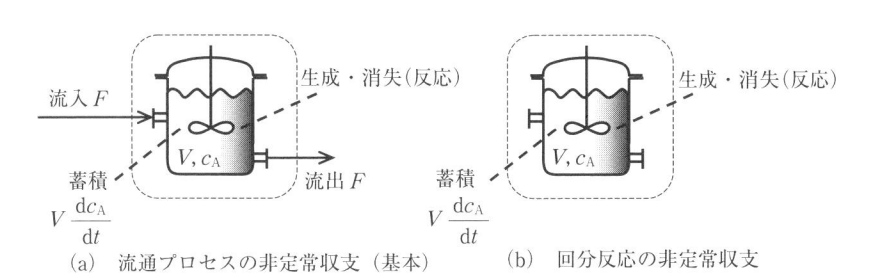

(a) 流通プロセスの非定常収支(基本) (b) 回分反応の非定常収支

図 6.1 非定常プロセス

と書ける．これが非定常収支式の基本形である(図6.1(a))．

この節ではまず流入・流出のない系で，反応により成分が消失する場合を考える(図6.1(b))．具体的には回分式反応器における成分の時間変化である．系内で n 次反応により成分 A が消失するとすると，(系内の消失速度) $= V(-kc_A^n)$ [mol/s]なので，V を消去して，収支式は次式となる．

$$\frac{dc_A}{dt} = -kc_A^n \,[\mathrm{mol/(m^3 \cdot s)}] \tag{6.3}$$

k が反応速度定数で，単位は反応次数に応じて異なる．これを初期条件を $(t=0 ; c_A = c_{A0})$ で積分した解が，

$$\frac{c_A}{c_{A0}} = \{1+(n-1)kc_{A0}^{n-1}t\}^{\frac{1}{1-n}} \tag{6.4}$$

である．なお，$n=1$ の1次反応では，

$$\frac{c_A}{c_{A0}} = \exp(-kt) \tag{6.5}$$

であり，$n=2$ の2次反応では次式となる．

$$\frac{c_A}{c_{A0}} = (kc_{A0}t+1)^{-1} \tag{6.6}$$

以下に例題でこれらの式の解析をおこなう．なお，逐次反応については1章の例題1.16で示した．

【例題6.1】 1次反応と2次反応の比較 〈bce52.xls〉

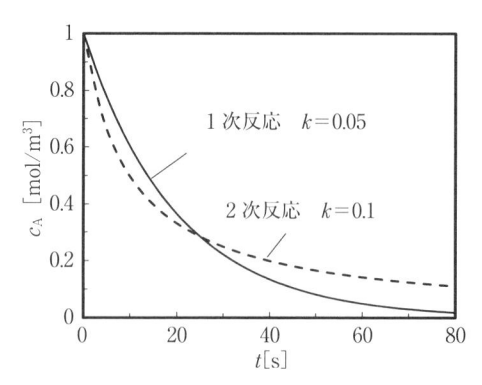

図 6.2 1次反応と2次反応の比較

6.1 回分反応の速度式　151

初期条件($t=0$；$c_A=c_{A0}=1.0$)から出発して，1次反応($k_1=0.05$)と2次反応($k_2=0.1$)での濃度変化を比較せよ．

（解）　常微分方程式解法シートで$n=1$または$n=2$として式(6.3)を積分する．結果を図6.2に示す．

【例題6.2】　反応次数の推定〈bce30.xls〉

図6.3中のセルF7：C12に示す液相回分反応のデータについて，式(6.3)を積分して，データと比較することでパラメーターk, n(反応次数)を推定せよ．

（解）　式(6.3)をセルB5に記述して，k, nを試行してデータにフィッティングする．その結果，図6.3, 6.4のように$k=2.6\times 10^{-6}$, $n=2.1$が得られた．

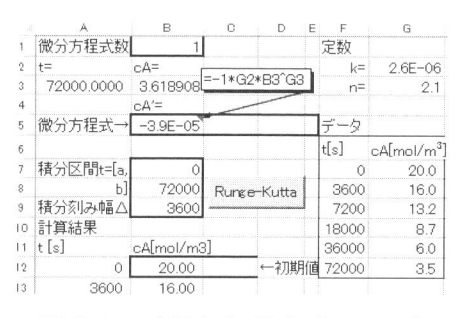

図 6.3　n次反応式の積分〈bce30.xls〉

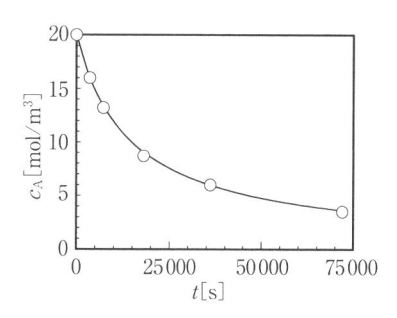

図 6.4　n次反応式のパラメーター推定

【例題6.3】　並列1次反応の濃度変化〈bce31.xls〉

並列1次反応：$\begin{array}{l} A\longrightarrow R, \quad r_1=k_1 c_A \\ A\longrightarrow S, \quad r_2=k_2 c_A \end{array}\Big\}$　($k_1=1.0$, $k_2=0.5$)

を回分反応器でおこなうとき，濃度の経時変化を求めよ．鍵成分としてAとRを選ぶと基礎式は次式となる．

$$\begin{cases} \dfrac{dc_A}{dt}=-(k_1+k_2)c_A \\ \dfrac{dc_R}{dt}=k_1 c_A \end{cases}$$

152   6 非定常物質収支・熱収支

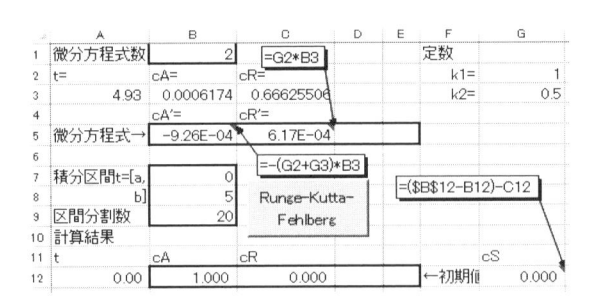

	A	B	C	D	E	F	G
1	微分方程式数	2	=G2*B3			定数	
2	t=	cA=	cR=			k1=	1
3	4.93	0.0006174	0.66625506			k2=	0.5
4		cA'=	cR'=				
5	微分方程式→	−9.26E−04	6.17E−04				
6							
7	積分区間t=[a,	0	=−(G2+G3)*B3				
8	b]	5	Runge-Kutta-Fehlberg			=(B12−B12)−C12	
9	区間分割数	20					
10	計算結果						
11	t	cA	cR			cS	
12	0.00	1.000	0.000		←初期値	0.000	

図 6.5　並列反応式の積分〈bce31.xls〉

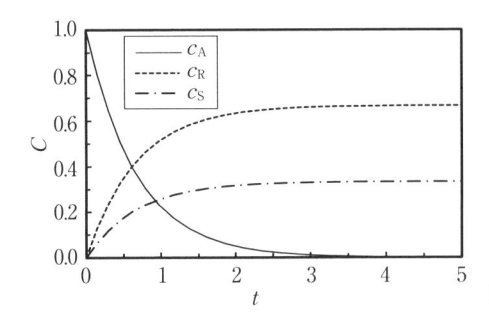

図 6.6　並列 1 次反応

（解）　図 6.5 の B5, C5 に上の連立常微分方程式を書き, 積分する. G 列に c_S の値 ($c_S = (c_{A0} − c_A) − c_R$) を計算しておく. 図 6.6 にグラフを示す.

6.2　プロセスの非定常収支

6.2.1　流通系の非定常収支式と 1 次遅れ系

次に流入・流出流れがあり, 反応による成分消失のないプロセスを考える（図

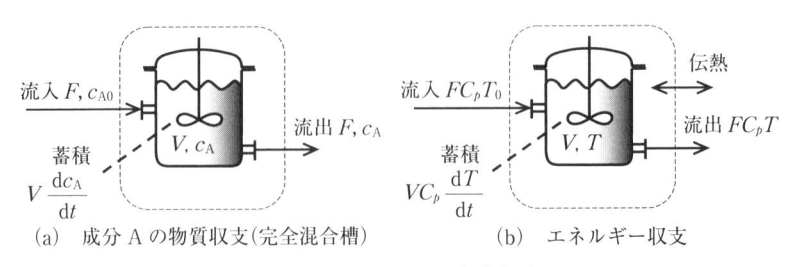

(a)　成分 A の物質収支(完全混合槽)　　　(b)　エネルギー収支

図 6.7　流通系の非定常収支

6.7(a))．すると，成分 A の収支が

$$V\frac{dc_A}{dt} = (\text{A 成分流入速度}) - (\text{A 成分流出速度})\quad [\text{mol/s}]\quad (6.7)$$

と書ける．

また，系内の熱エネルギーについては，熱の出入りが物質の流入・流出によるものと，系境界を通しての伝熱によるものの2種類がある．温度 T，系内の全物質量を V[kg]，熱容量を C_p[J/(kg·K)]とすると，系の全エンタルピーが VC_pT[J]なので，系の熱収支が次式で記述される(図6.7(b))．

$$VC_p\frac{dT}{dt} = (\text{流入・流出に伴う熱の出入り}) + (\text{周囲からの伝熱})\quad [\text{J/s}] \tag{6.8}$$

この節では初期に濃度 c_A，温度 T などが定常状態(平衡状態)にあった系・プロセスが，流入濃度など外部条件が変化して，次の定常状態に達するまでの非定常挙動を考える．

成分濃度の非定常挙動——流入・流出のある完全混合槽モデル——：流体容積 V の槽に流量 F，同流量の流出があり，これらは一定であるとする(図6.7(a))．流体中の成分 A の濃度 c_A[mol/m³]は3ヵ所あり，流入，槽内，流出における濃度を各々 c_{A0}, c_A, c_{Aout} とする．すると式(6.7)は次式となる．

$$V\frac{dc_A}{dt} = Fc_{A0} - Fc_{Aout} \tag{6.9}$$

ここで，この槽に"完全混合"のモデルを適用する．化学工学で完全混合とは，"完全に混合していること"ではなく，"槽内濃度が均一で流出濃度と同じ($c_{Aout} = c_A$)"とするモデルである．すると式(6.9)は，

$$V\frac{dc_A}{dt} = Fc_{A0} - Fc_A \tag{6.10}$$

となり，c_A に関する1階の常微分方程式となる．

【例題 6.4】 流通系完全混合槽の濃度の応答〈bce34.xls〉

$V = 10$ m³, $F = 1$ m³/h の流通系完全混合槽で初期は槽内，流れとも $c_{A0} = c_A = 0$ の定常状態であった．$t \geq 0$ で $c_{A0} = 1$ と変化した場合の c_A の経時変化(応答)を求めよ．

(解)　微分方程式は $10\dfrac{dc_A}{dt}=1-c_A$．これを初期条件：$t=0$：$c_A=0$ で解く．これは外部条件 $c_{A0}=0$ が $c_{A0}=1$ にステップ変化した場合の応答を求めることになる．

(解法1：不定積分法)　変数分離して，$\dfrac{dc_A}{1-c_A}=0.1\,dt$．積分公式：$\int\dfrac{1}{1-x}dx=-\ln(1-x)+C_1$ より，$[-\ln(1-c_A)]+C_1=0.1t$．初期条件より，$C_1=0$．よって，$\ln(1-c_A)=-0.1t$ なので，$c_A=1-e^{-0.1t}$．

(解法2：定積分法)　$(0,t)$ 間で定積分 $\int_0^{c_A}\dfrac{dc_A}{1-c_A}=0.1\int_0^t dt$ をつくり，$[\ln(1-c_A)]_0^{c_A}=-0.1t$ から，$\ln\dfrac{1-c_A}{1-0}=-0.1t$ より，$1-c_A=e^{-0.1t}$．よって，$c_A=1-e^{-0.1t}$．

(数値計算)　図6.8の常微分方程式解法シートでB5に式を記述して，積分を実行する．結果を図6.9に示す．

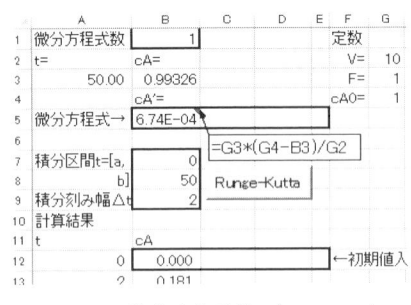

図6.8　濃度応答計算〈bce34.xls〉

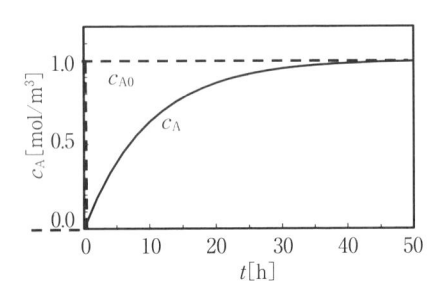

図6.9　流通系の濃度応答

非定常エネルギー収支——流通系完全混合槽の温度応答——：流通系完全混合槽の温度 T について考える．完全混合の仮定より，槽内温度と流出の温度 T が等しい(図6.10)．すると，式(6.8)は次式となる(C_p を略せるので前の例題と同一の式になる)．

$$VC_p\dfrac{dT}{dt}=FC_pT_0-FC_pT\;[\text{J/s}] \qquad (6.11)$$

6.2 プロセスの非定常収支

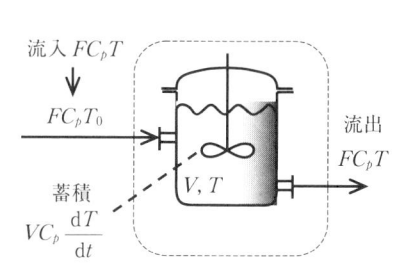

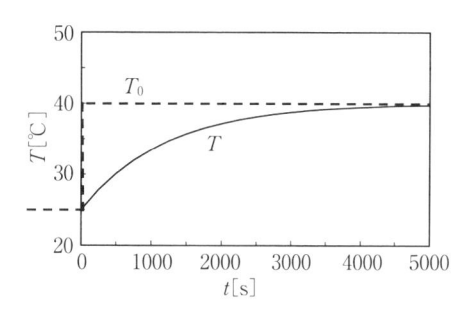

図 6.10 流通系の非定常熱収支

図 6.11 流通系の温度応答〈bce48.xls〉

【例題6.5】 流通系の温度応答〈bce48.xls〉

$V=180$ L (180 kg) の水槽に水が $F=0.15$ L/s (=0.15 kg/s) で流入し, 同じ流量で流出している. 初期に $T_0=T=25$℃ で定常状態にあるところで, $t>0$ で $T_0=40$℃ にステップ変化した場合の水槽内温度 T の変化を示せ.

(解) 式(6.11)より $180\dfrac{dT}{dt}=0.15(40-T)$, 初期値 $T(0)=25$ を解く. "微分方程式解法シート"による結果を図 6.11 に示す. この状態も周囲条件が $T_0=25$ から $T_0=40$ にステップ変化した場合の応答となる.

非定常エネルギー収支——混合槽の温度応答——:流通のない混合槽の温度応答を考える(図 6.12(a)). 熱は対流伝熱により槽の外側に伝わるものとする. 対流伝熱ではニュートンの冷却法則 $q=h(T-T_0)$ が適応されて, 熱収支式(6.8)は次式となる.

$$VC_p\frac{dT}{dt}=-hA(T-T_0)\,[\text{J/s}] \tag{6.12}$$

ここで, $h\,[\text{J}/(\text{m}^2\cdot\text{s}\cdot\text{K})]$ は伝熱係数, A は混合槽の外部への伝熱面積である. ここで, 統合したパラメーター $\tau=\dfrac{VC_p}{hA}$ を用いると, 上式は

$$\frac{dT}{dt}=-\frac{1}{\tau}(T-T_0) \quad \text{すなわち} \quad \tau\frac{dT}{dt}+T=T_0 \tag{6.13}$$

の簡単な式に整理される.

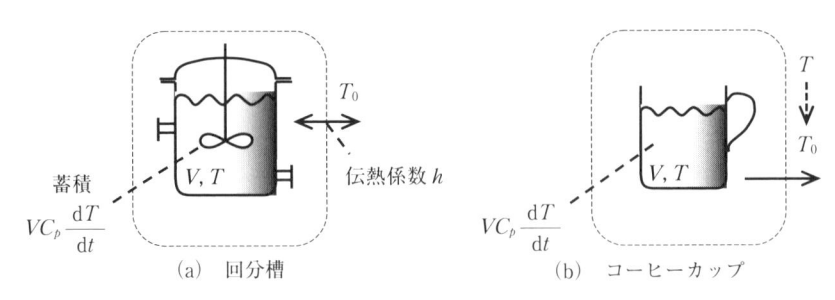

図 6.12 非流通系の非定常熱収支

【例題 6.6】 コーヒーの冷め方〈bce49.xls〉

カップに $T=80$℃のコーヒーを入れ，外気温 $T_0=20$℃中に置いた．100 s 後に $T=56.4$℃になった．500 s 後の温度を求めよ（図 6.12(b)）．

（解）コーヒーの温度を T[℃]，時間を t[min]とする．式(6.13)より次式の微分方程式になる．

$$\frac{dT}{dt} = -\frac{1}{\tau}(T-20)$$

変数分離して積分すると次式になる．

$$\ln(T-20) = -\frac{1}{\tau}t + C_1$$

初期条件 $(t=0 ; T=80)$ より，$C_1=4.094$，$(t=100 ; T=56.4)$ の条件より，

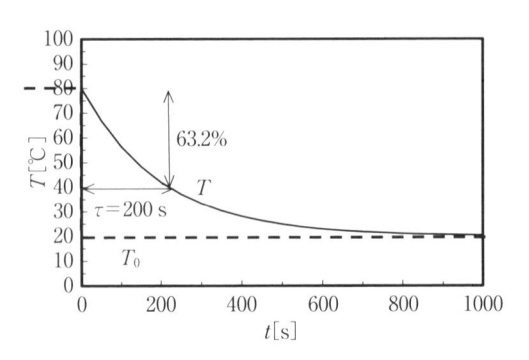

図 6.13 コーヒーの冷める速さ

$\tau=200$ が得られる．よって解析解は次式となる．

$$T = 20 + 60\exp\left(-\frac{1}{\tau}t\right)$$

この結果を図6.13のグラフで示す．

【例題6.7】 外部温度変化に対する応答 〈bce50.xls〉〈bce51.xls〉

例題6.6の系 $\left(\dfrac{\mathrm{d}T}{\mathrm{d}t} = -\dfrac{1}{\tau}(T-T_0), \tau=200\right)$ で，T_0 が① 線形に変化する場合 ($T_0=80-0.16t$)，② 周期的に変化する場合 ($T_0=80-20\sin(0.01t)$) を計算せよ．

（解）微分方程式解法シートで計算した結果のグラフを図6.14に示す．

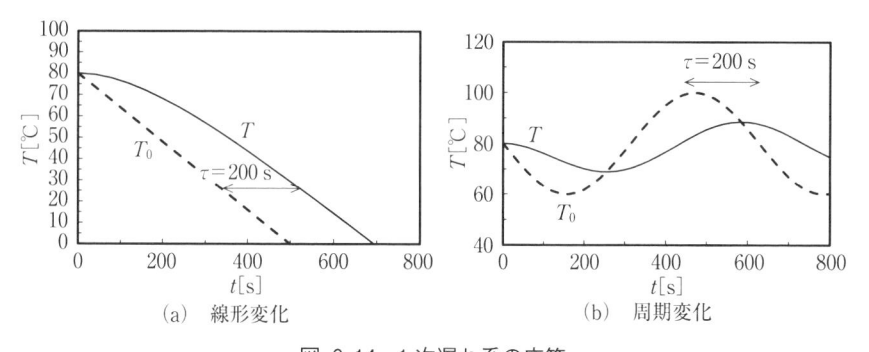

(a) 線形変化　　(b) 周期変化

図 6.14　1次遅れ系の応答

式(6.13)の形式の1階常微分方程式で表現される系では，図6.14のように，外部条件 T_0 の変化に対して，T の応答は $\tau=200\,\mathrm{s}$ 遅れる．このことから τ を"時定数"といい，この系を1次遅れ系という．なお，1次遅れ系では図6.13のようなステップ変化に対しては，時定数の時間 τ でステップ変化量の63.2%分の変化をする．

タンクとバルブの系の液面高さ：化学工学における非定常プロセスの典型的モデルとして，図6.15のようなタンクとバルブによる流通系のモデルが用いられる．流入速度を q，流出速度を q' とし，タンクの断面積を A，液面高さ

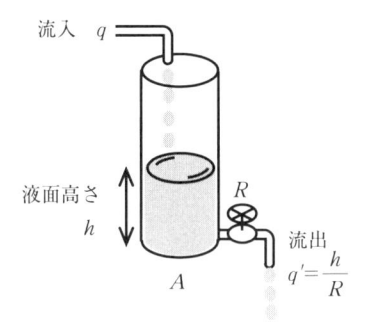

図 6.15 タンクとバルブ系の液面高さ

を h とするとタンク内の液量は $V=Ah$ である．ここで，流出量 q' は液面高さ h に比例し，バルブの抵抗 R に反比例するものとする．

$$q' = \frac{h}{R} \qquad (6.14)$$

これを用いて物質収支式を液面高さ h で書くと次式となる．

$$\frac{dV}{dt} = \frac{d(Ah)}{dt} = q - q' = q - \frac{h}{R} \quad \text{すなわち} \quad \frac{dh}{dt} = \left(\frac{1}{A}\right)q - \left(\frac{1}{AR}\right)h \qquad (6.15)$$

【例題 6.8】 流通タンクの液面高さモデル〈bce53.xls〉

底面積 $A=50\,\mathrm{cm}^2$ のタンクがある．初めは流入量 $q=20\,\mathrm{cm}^3/\mathrm{s}$ の状態で液面高さが $h=20\,\mathrm{cm}$ で定常状態にあった．$t=0$ で $q=30\,\mathrm{cm}^3/\mathrm{s}$ に変えると液面高さはどうなるか．これは 1 次遅れ系のステップ応答を求める問題である．

（解）図 6.16 のシートで計算した結果を図 6.17 のグラフで示す．なお，解析解は初期状態から $R=1$ であり，微分方程式は $\frac{dh}{dt}=0.6-0.02h$ となり，これを解いて $h=30-10\exp(-0.02t)$ である．なお，この系の時定数は $\tau=AR=50\,\mathrm{s}$ である．

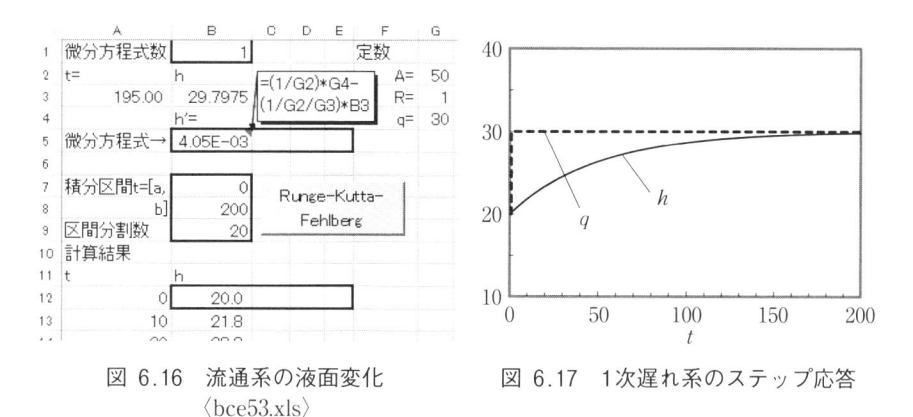

図 6.16 流通系の液面変化 ⟨bce53.xls⟩

図 6.17 1次遅れ系のステップ応答

6.2.2 流通系の非定常収支式——2次遅れ系——

タンクとバルブ系の液面高さのモデルを2つ連結した2槽のモデルを考える（図 6.18）．槽の断面積はともに $A(A_1=A_2)$ として，第1槽の液面レベル h_1，第2槽の液面レベル h，第1槽の流入流量 q とする．流出部のバルブの抵抗は1，2槽ともに $R(=R_1=R_2)$ とする．すると，第1槽からの流出流量 (h_1/R) が第2槽の流入流量になることを考慮して各液面高さの時間変化を表す式が次の連立常微分方程式となる．

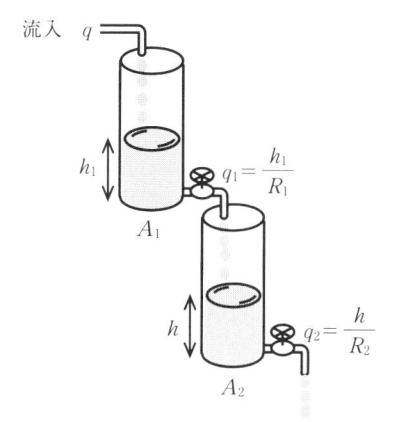

図 6.18 タンク液面高さの2槽のモデル

160   6 非定常物質収支・熱収支

$$\begin{cases} \dfrac{dh_1}{dt} = \left(\dfrac{1}{A}\right)q - \left(\dfrac{1}{AR}\right)h_1 \\ \dfrac{dh}{dt} = \left(\dfrac{1}{AR}\right)h_1 - \left(\dfrac{1}{AR}\right)h \end{cases} \tag{6.16}$$

この連立式で $\dfrac{dh}{dt}$ 式を微分すると,

$$h'' = \dfrac{1}{AR}h_1' - \dfrac{1}{AR}h' = \dfrac{1}{AR}\left(\dfrac{q}{A} - \dfrac{h_1}{AR}\right) - \dfrac{1}{AR}h'$$

$$= \dfrac{1}{AR}\left(\dfrac{q}{A} - 2h' - \dfrac{h}{AR}\right)$$

なので, h_1 を消去すると h に関する2階の常微分方程式になる.

$$h'' + \dfrac{2}{AR}h' + \dfrac{1}{A^2R^2}h = \dfrac{1}{A^2R}q \tag{6.17}$$

この形式のモデル式を2次遅れ系という．このモデルは代表的動的モデルとして, 機械工学, 電気工学分野でも用いられる(演習問題【6.4】,【6.5】を参照).

【例題6.9】 2次遅れ系のステップ応答〈bce54.xls〉
2槽モデルで初期に $q=20\text{ cm}^3/\text{s}$, $h=h_1=20\text{ cm}$ の定常状態であった．第1槽への流入流量を $q=30\text{ cm}^3/\text{s}$ にステップ変化させた場合の第2槽の液面高さ h の応答を求めよ.

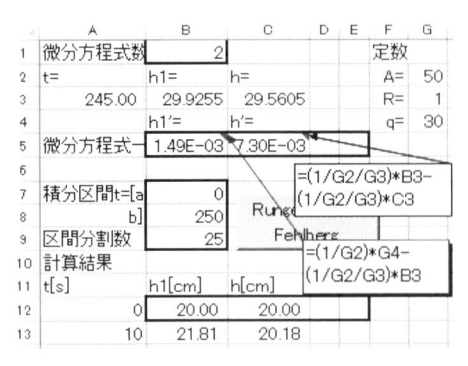

図 6.19　2次遅れモデル解法シート〈bce54.xls〉

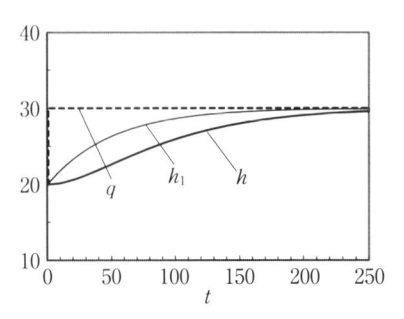

図 6.20　2次遅れ系のステップ応答

（解）図 6.19 のシート上の G2：G4 にモデルの定数，B5，C5 に式(6.16)を記述し，B7：B9 に積分区間と分割数を設定して，ボタンクリックで積分を実行する．結果を図 6.20 のグラフで示す．2 次遅れ系のステップ応答は，立ち上がり時に変曲点が現れる S 字状である．

6.2.3 微分方程式によるプロセス制御の基礎

化学工学ではタンクの液面高さの系が制御系のモデルとしてよく使われる（図 6.21）．前節でこれらのモデルの入力（操作変数）q のステップ変化に対する液面（被制御変数）h の応答を示した．1 槽モデル（1 次遅れ系）では exp 型の応答，2 槽モデル（2 次遅れ系）では S 字状の応答となる．これらが各プロセスの動特性である．

このような動特性をもつプロセスに対して，液面高さの目標値を h_{set} に設定変更し，操作変数である流入流量 q を操作して，h を目標値 h_{set} に近づけることを考える．これが液面制御の問題である．制御では被制御変数 h と設定値 h_{set} との差，すなわち偏差 e：

$$e = h_{set} - h \tag{6.18}$$

をもとに操作変数 q を操作する．

比例制御：比例制御では操作変数 q を偏差 e に比例させて操作する．

$$q = K_c e - q_{ss} \tag{6.19}$$

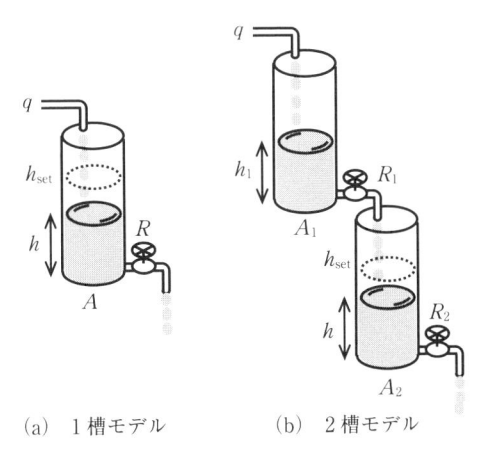

(a) 1 槽モデル　　(b) 2 槽モデル

図 6.21　液面高さ制御の 1 槽モデル(a) と 2 槽モデル(b)

K_c を比例ゲインという．初期状態 ($t<0$) では操作変数 q_{ss}, 被制御変数 $h(0)$ の定常状態にあるとして，この式を微分すると次式となる．

$$\frac{dq}{dt} = -K_c \frac{dh}{dt} \quad (初期値 : q(0) = K_c(h_{set} - h(0)) + q_{ss}) \quad (6.20)$$

【例題 6.10】 1 次遅れ・比例制御系の応答 〈bce57.xls〉

1 槽モデルで $q_{ss} = 20 \text{ cm}^3/\text{s}$, $h(0) = 20 \text{ cm}$ の定常状態であった．$t \geq 0$ で新たな h の設定値 $h_{set} = 30$ を与えて，比例制御による h の応答を示せ．$K_c = 2$ とする．

（解） 1 次遅れ系のモデル（式(6.15)）と比例制御の基礎式（式(6.20)）による以下の連立常微分方程式を解く問題となる．

$$\frac{dh}{dt} = \left(\frac{1}{A}\right)q - \left(\frac{1}{AR}\right)h \quad (h(0) = 20) \quad (1)$$

$$\frac{dq}{dt} = -K_c \frac{dh}{dt} = -K_c \left\{\left(\frac{1}{A}\right)q - \left(\frac{1}{AR}\right)h\right\} \quad (2)$$

$$(q(0) = 2 \times (30-20) + 20 = 40))$$

図 6.22 が，これを解いたシートである．セル G4：G6 に定常値 q_{ss}, 設定値 h_{set} と K_c の値を設定する．B5, C5 に式(1), (2)を記述し，B7：B9 に積分区間，区間分割数，B12：C12 に変数の初期値を入れ，ボタンクリックで積分を実行する．得られた q, h の時間応答を図 6.23 のグラフに示す．比例制御では設

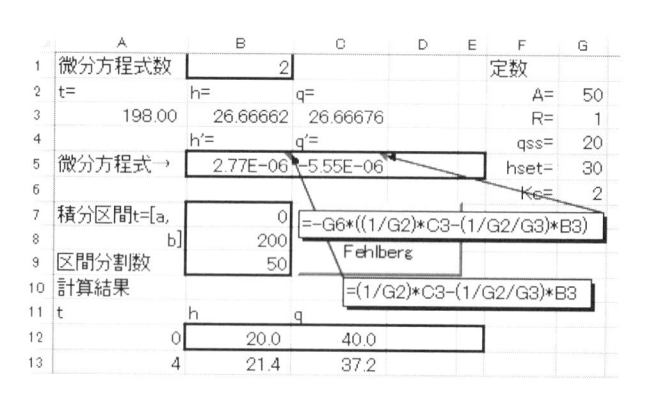

図 6.22 1 次遅れ・比例制御系の応答 〈bce57.xls〉

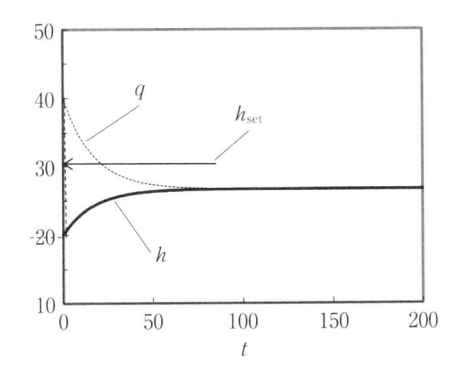

図 6.23 1次遅れ・比例制御系の応答

定値 $h_{set}=30$ に至らずに定常値になる.これがオフセットである.

比例・積分制御:比例制御で不可避のオフセットを解消するため,比例・積分制御では偏差 e の時間 $t=0$ からの積分値を計算し,これが 0 になるまで操作変数を変える.

$$q = K_c(h_{set}-h) + \frac{K_c}{T_I}\int_0^\tau (h_{set}-h)\,d\tau + q_{ss} \tag{6.21}$$

T_I が積分時間である.上式を微分した形式が次式である.

$$\frac{dq}{dt} = -K_c\frac{dh}{dt} + \frac{K_c}{T_I}(h_{set}-h)\{q(0)=K_c(h_{set}-h(0))+q_{ss}\} \tag{6.22}$$

【例題 6.11】 1次遅れ・比例・積分制御系の応答 〈bce58.xls〉

1槽モデルで $q_{ss}=20\ \mathrm{cm^3/s}$, $h(0)=20\ \mathrm{cm}$ の定常状態であった.$t \geqq 0$ で新たな h の設定値 $h_{set}=30$ を与えて,比例・積分制御による h の応答を示せ.$K_c=2$, $T_I=10$ とする.

(解) モデル(式(6.15))と制御式(式(6.22))から次式の連立常微分方程式を解く問題となる.

$$\frac{dh}{dt} = \left(\frac{1}{A}\right)q - \left(\frac{1}{AR}\right)h \qquad (h(0)=20) \tag{1}$$

$$\frac{dq}{dt} = -K_c\frac{dh}{dt} + \frac{K_c}{T_I}(h_{set}-h) \qquad (q(0)=40) \tag{2}$$

6 非定常物質収支・熱収支

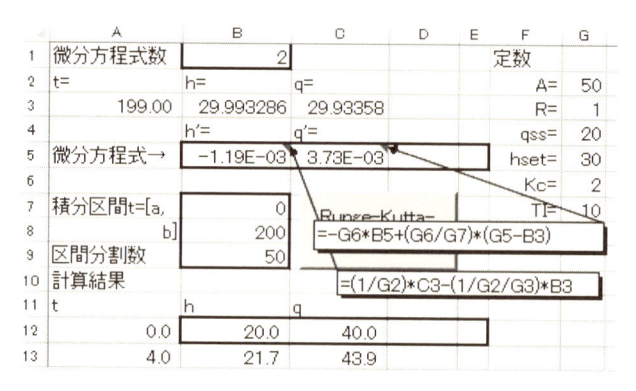

	A	B	C	D	E	F	G
1	微分方程式数	2				定数	
2	t=	h=	q=			A=	50
3	199.00	29.993286	29.93358			R=	1
4		h'=	q'=			qss=	20
5	微分方程式→	-1.19E-03	3.73E-03			hset=	30
6						Kc=	2
7	積分区間t=[a,	0	Runge-Kutta-			TI=	10
8	b]	200	=-G6*B5+(G6/G7)*(G5-B3)
9	区間分割数	50	
10	計算結果		=(1/G2)*C3-(1/G2/G3)*B3
11	t	h	q
12	0.0	20.0	40.0
13	4.0	21.7	43.9

図 6.24　1 次遅れ・比例・積分制御系の応答〈bce58.xls〉

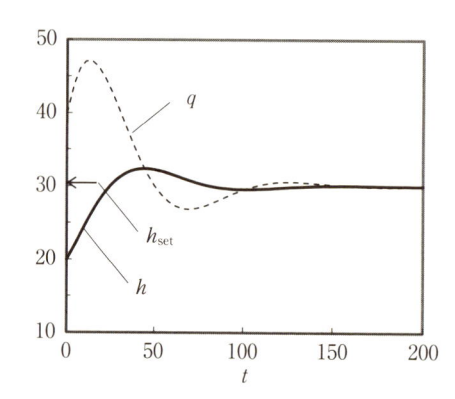

図 6.25　1 次遅れ・比例・積分制御系の応答

図 6.24 のシートで G2：G7 に定数を入れ，B5，C5 に式(1)，(2)を記述する．ここで，式(2)中の $\dfrac{dh}{dt}$ 項は B5 を用いる．積分区間，初期値を設定してボタンクリックで積分を実行する．得られた q，h の時間応答を図 6.25 のグラフに示す．積分を加えることでオフセットをなくすことができる．

【例題 6.12】　2 次遅れ・比例・積分制御系の応答〈bce59.xls〉

2 槽モデルで $q_{ss}=20$ cm^3/s，$h(0)=20$ cm の定常状態であった．$t \geqq 0$ で新たな h の設定値 $h_{set}=30$ を与えて，比例・積分制御による h の応答を示せ．$K_c=2$，$T_I=10$ とする．

6.2 プロセスの非定常収支

（解）モデル（式(6.16)）と制御式（式(6.22)）により h_1, h, q に関する次式の連立常微分方程式を解く問題となる．

$$\frac{dh_1}{dt} = \left(\frac{1}{A}\right)q - \left(\frac{1}{AR}\right)h_1 \qquad (h_1(0)=20) \tag{1}$$

$$\frac{dh}{dt} = \left(\frac{1}{AR}\right)h_1 - \left(\frac{1}{AR}\right)h \qquad (h(0)=20) \tag{2}$$

$$\frac{dq}{dt} = -K_c \frac{dh}{dt} + \frac{K_c}{T_I}(h_{set}-h) \qquad (q(0)=40) \tag{3}$$

これを解いたのが，図 6.26 のシートである．B5：D5 に上式を記述し，区間，分割数，初期値を入れて，ボタンクリックで積分を実行する．得られた q, h の時間応答を図 6.27 のグラフに示す．2 次遅れモデルの設定値変更問題では，

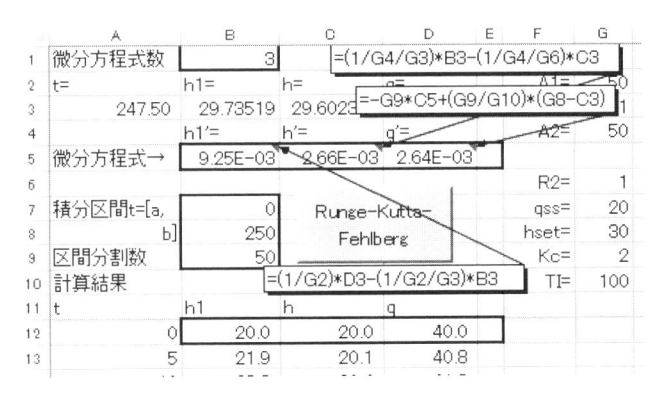

図 6.26　2 次遅れ・比例・積分制御系の応答解法〈bce59.xls〉

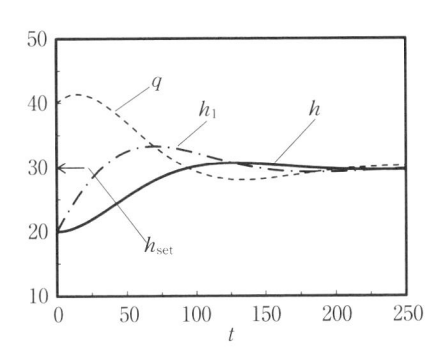

図 6.27　2 次遅れ・比例・積分制御系の応答

比例・積分制御で十分な制御ができる．

比例・積分・微分制御（PID 制御）：さらに制動を早めるためにおこなうのが比例・積分・微分制御（PID 制御）で，操作変数が次式となる．

$$q = K_c(h_{\text{set}} - h) + \frac{K_c}{T_I} \int_0^\tau (h_{\text{set}} - h)\,\mathrm{d}\tau + K_c T_D \frac{\mathrm{d}(h_{\text{set}} - h)}{\mathrm{d}t} + q_{\text{ss}} \tag{6.23}$$

T_D が微分時間というパラメーターである．この式の微分形式は次式となる．

$$\frac{\mathrm{d}q}{\mathrm{d}t} = -K_c \frac{\mathrm{d}h}{\mathrm{d}t} + \frac{K_c}{T_I}(h_{\text{set}} - h) - K_c T_D \frac{\mathrm{d}^2 h}{\mathrm{d}t^2}$$

$$(q(0) = K_c(h_{\text{set}} - h(0)) + q_{\text{ss}}) \tag{6.24}$$

（なお初期値 $q(0)$ では，$\dfrac{\mathrm{d}h_{\text{set}}}{\mathrm{d}t}$ 項は 0 と仮定した）また，2 次遅れ系では h の 2 次微分は式(6.16)から次式となる．

$$\frac{\mathrm{d}^2 h}{\mathrm{d}t^2} = \left(\frac{1}{A_2 R_1}\right)\frac{\mathrm{d}h_1}{\mathrm{d}t} - \left(\frac{1}{A_2 R_2}\right)\frac{\mathrm{d}h}{\mathrm{d}t} \tag{6.25}$$

【例題 6.13】 2 次遅れ・PID 制御系の応答 〈bce60.xls〉

2 槽モデルで $h(0) = 20$ cm，$q_{\text{ss}} = 20$ cm^3/s の定常状態であった．$t \geqq 0$ で新たな h の設定値 $h_{\text{set}} = 30$ を与えて，PID 制御による h の応答を示せ．$K_c = 2$，$T_I = 100$，$T_D = 20$ とする．

（解） モデルと制御式(式(6.24))により h_1，h，q に関する次式の連立常微分方程式を解く問題となる．

$$\frac{\mathrm{d}h_1}{\mathrm{d}t} = \left(\frac{1}{A_1}\right)q - \left(\frac{1}{A_1 R_1}\right)h_1 \qquad (h_1(0) = 20) \tag{1}$$

$$\frac{\mathrm{d}h_1}{\mathrm{d}t} = \left(\frac{1}{A_2 R_1}\right)h_1 - \left(\frac{1}{A_2 R_2}\right)h \qquad (h(0) = 20) \tag{2}$$

$$\frac{\mathrm{d}q}{\mathrm{d}t} = -K_c \frac{\mathrm{d}h}{\mathrm{d}t} + \frac{K_c}{T_I}(h_{\text{set}} - h) - K_c T_D \frac{\mathrm{d}^2 h}{\mathrm{d}t^2}$$

$$= -K_c \frac{\mathrm{d}h}{\mathrm{d}t} + \frac{K_c}{T_I}(h_{\text{set}} - h) - K_c T_D \left\{\left(\frac{1}{A_2 R_1}\right)\frac{\mathrm{d}h_1}{\mathrm{d}t} - \left(\frac{1}{A_2 R_2}\right)\frac{\mathrm{d}h}{\mathrm{d}t}\right\}$$

$$(q(0) = 40) \tag{3}$$

6.2 プロセスの非定常収支

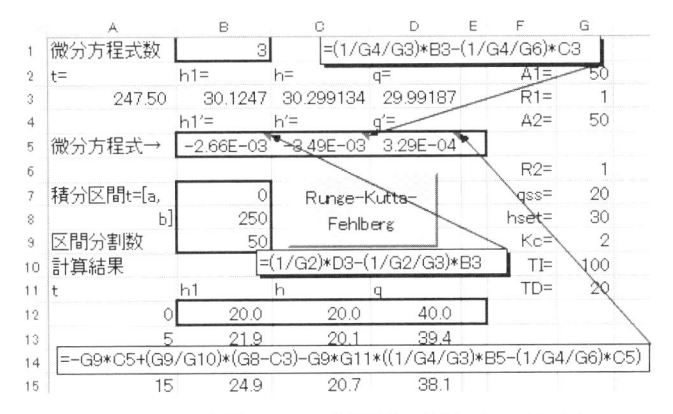

図 6.28 2次遅れ・PID 制御系の解法 〈bce60.xls〉

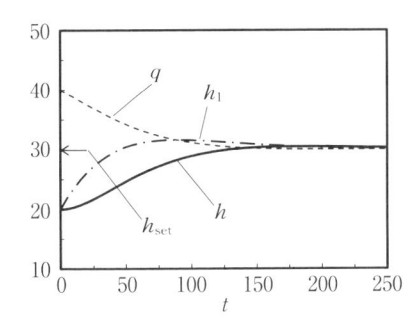

図 6.29 2次遅れ・PID 制御系の応答

これを解いたのが，図 6.28 のシートである．**B5：D5** に上式を記述し，積分区間，分割数，初期値を入れて，ボタンクリックで積分を実行する．得られた q, h の時間応答を図 6.29 のグラフに示す．微分を加えることで比例・積分制御(例題 6.12)に比べて目標値に達する時間を短くできる．

演 習 問 題

【6.1】（反応速度式）平衡反応：$A \underset{k_2}{\overset{k_1}{\rightleftarrows}} B$ を考える．初期濃度 $C_{A0}=100 \text{ mol/m}^3$, $C_{B0}=0$, $k_1=k_2=0.1/\text{s}$ として，濃度 C_A の時間変化式をたて，それを数値積分して濃度が平衡になるまでの時間を求めよ．

【6.2】（反応速度式）$A+B \rightarrow R$ となる液相反応の速度が，
$$\frac{dC_A[\text{mol/m}^3]}{dt[\text{s}]} = -kC_A^{0.5}C_B^{1.5}, \quad k=7.45 \times 10^{-3}$$
と与えられている．$C_{A0}=2.0 \text{ mol/m}^3$, $C_{B0}=2.0 \text{ mol/m}^3$, $C_{R0}=0$ から反応を開始して，$C_A=0.4 \text{ mol/m}^3$ となる時間を求めよ．

【6.3】（完全混合槽内溶液の希釈）2000 L の容量のタンクに 20 wt% の食塩水が入っている．これに 1000 L の水を供給すると，食塩水の濃度はいくらとなるか．タンクが十分に撹拌されており，供給水と同量の水が絶えず流出しているものとする（公務員試験）．

【6.4】（2次遅れモデル——バネ・マス・ダンパ系——）

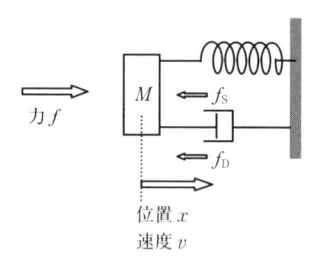

機械工学の運動のモデルとして，質量 M の物体にバネ，ダンパ，外力の3つの力が働く場合の質量の動きを表すモデルがある（図）．力のバランス式が，

　　（質量 M による慣性力）＋（ダンパの制動力）＋（バネの力）＝（外力）

であり，変数で表すと
$$M\frac{dv}{dt} + Dv + kx = f$$
である．ここで速度 v を位置 x で書き換えると，$v=\dfrac{dx}{dt}$ より
$$Mx''(t) + Dx'(t) + kx(t) = f$$
の2階の微分方程式であり，2次遅れモデルである．外力がない場合（$f=0$）を考え，次の連立常微分方程式として，初期に $x=1$, $v=0$ としてシミュレーションをおこなってみよ．

$$\begin{cases} x' = v \\ v' = \left(-\dfrac{D}{M}\right)v + \left(-\dfrac{k}{M}\right)x \end{cases}$$

【6.5】 （電気回路の微分方程式）

　図のような R(抵抗)，L(コイル)，C(コンデンサ) からなる回路で，スイッチを入れたときの過渡現象を調べる．直列回路の関係式より，

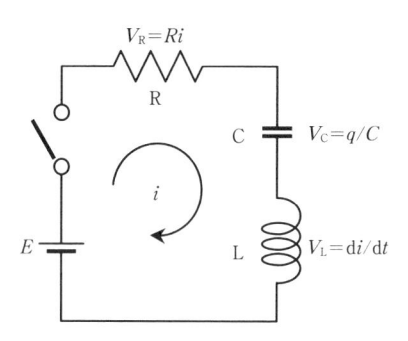

$$E + V_R + V_L + V_C = Ri + L\frac{di}{dt} + \frac{q}{C}$$

である．これは次式の連立常微分方程式となる．

$$\begin{cases} \dfrac{dq}{dt} = i \\ \dfrac{di}{dt} = -\dfrac{R}{L}i - \dfrac{1}{LC}q + \dfrac{E}{L} \end{cases}$$

シート〈bce56.xls〉に示すパラメーターで解析せよ．

参考資料

1) P. Atkins, J. Paula 著, 千原秀昭, 中村恒男 訳:アトキンス物理化学(上), 第8版, 東京化学同人(2009).
2) D. M. Himmelblau, J. B. Riggs: Basic Principles and Calculations in Chemical Engineering, Seventh Ed., Prentice Hall (2004).
3) 化学工学会編:改訂七版 化学工学便覧, 丸善出版(2011).
4) NIST Thermophysical Properties of Fluid Systems. http://webbook.nist.gov/chemistry/fluid/
5) M. B. Cutlip, M. Shacham: Problem Solving in Chemical and Biochemical Engineering with POLYMATH, Excel, and MATLAB, Second Ed., Prentice Hall (2008)
6) 伊東 章:新しい化学工学3 物質移動解析, 朝倉書店(2013).
7) A. L. Myers, W.D. Seider 著, 大竹伝雄 訳:化学工学の基礎──化学プロセスとその計算──, 培風館(1982).
8) E. J. Henry, J. D. Seader, D.K. Roper: Separation Process Principles, Third Ed., John Wiley & Sons (2011).
9) 小島和夫:熱力学, p.74, 培風館(1996).
10) G. M. Barrow 著, 大門 寛, 堂免一成 訳:バーロー物理化学(上), 第6版, 東京化学同人(1999).
11) 小口達夫, 梶本興亜, 山﨑勝義:化学ポテンシャルと平衡定数, 漁火書店(2012). (広島大学学術情報リポジトリ. http://ir.lib.hiroshima-u.ac.jp/00014986)
12) 伊香輪恒男, 新山浩雄:プログラム学習 化学熱力学, 講談社(1991).
13) R. Chang: Chemistry, Eighth Ed. McGraw-Hill (2005).

演習問題解答

1章

【1.1】 （加速度）$=80/16=5$ m/s^2，（動いた距離）$=5\times16^2/2=640$ m，（力）$=5\times400\times10^3$ $=2\times10^6$ N，（エネルギー）$=2\times10^6\times640=1.28\times10^9$ J，（仕事率）$=1.28\times10^9/16=8\times10^7$ W$=80\,000$ kW

【1.2】 加速度は重力加速度のみと近似する．（力）$=9.8\times10=98$ N，（エネルギー）$=98\times1.5=147$ J$=0.035$ kcal，（仕事率）$=147/0.5=294$ W$=0.29$ kW

【1.3】 順に 500 km(距離)，200 km/h(スピード)，80 kg(質量)，2.5 Kg/cm^2(タイヤ空気圧)，50 Kg，50 kgf(握力)

【1.4】 6 mm/h，6 cm，39.1 m/s，25 km/h

【1.5】 無次元

【1.7】 $3.5\left|\dfrac{1\text{ kcal}}{4.18\text{ kJ}}\right|\dfrac{3600\text{ s}}{1\text{ h}}\left|\dfrac{\text{kJ}}{\text{s}}\right.=3014$ kcal/h

【1.9】 1 mL/(cm$^2\cdot$min)$=600$ kg/(m$^2\cdot$h) より $J=(1/600)J'$．1 atm$=0.1013$ MPa より $\Delta p=(1/0.1013)\Delta p'$．1 cP$=0.001$ Pa$\cdot$s より $\mu=(1/0.001)\mu'$．これらより $k=296$．

【1.10】 係数の単位は 3.61 atm$\cdot$dm^3/mol^2，4.29×10^{-2} dm^3/mol，0.08206 atm$\cdot$dm^3/(mol$\cdot$K) である．これらを個々に単位換算すると，3.61×10^{-7} MPa$\cdot$m^3/mol^2，4.29×10^{-5} m^3/mol，8.31×10^{-6} MPa$\cdot$m^3/(mol$\cdot$K) なので，$\left(p'+\dfrac{3.61\times10^{-7}}{\widehat{V}'^2}\right)(\widehat{V}'-4.29\times10^{-5})=8.31\times10^{-6}T$

2章

【2.1】 $\omega=0.12$

【2.2】 (a) 4.5×10^{-6}，(b) 2.5×10^{-8}，(c) 2.7×10^{-6}，(d) 0.00108，(e) 0.0018

【2.3】 1908 kg/h

【2.4】 〈bce16.xls〉を参照．$x_1=26.25$，$x_2=17.5$，$x_3=8.75$，$x_4=17.5$

【2.5】 CO_2：0.065, H_2O：0.131, O_2：0.065, N_2：0.739

【2.6】
$$\begin{cases} \text{ガソリン（ヘキサン）}(100) \\ \text{空気} \quad O_2\ 21\% \quad (1140) \\ \qquad\quad N_2\ 79\% \quad (4289) \end{cases} \longrightarrow \begin{cases} CO_2\ (\ 600) \\ H_2O\ (\ 700) \\ O_2\ \ (\ 190) \\ N_2\ \ (4289) \end{cases}$$

CO_2：0.118, O_2：0.037, N_2：0.844

【2.7】 400．〈bce63.xls〉参照．

【2.8】 455.5

【2.9】 リサイクル量 513.3，パージ量 6.0．〈bce64.xls〉参照．

3章

【3.2】 z 線図で T_r の線（飽和気液線）から，$p_r = 0.025$，気液の z は各々 $z_v = 0.96$，$z_l = 0.004$ と読み取る．これより，蒸気圧は $p = 0.114$ MPa となり，蒸気のモル容積は 7922 cm^3/mol，液のモル容積は 33.0 cm^3/mol となる．液の密度は 0.48 g/cm^3 となるので，タンク内容量はメタンが 39000 t と推定される．

【3.3】 (a) 16.8℃，(b) $p^* = 3.14$ kPa，$p_0 = 1.89$ kPa，$\pi_1 = 167.8$ kPa，(c) $p_3 = 0.52$ kPa，17%RH，$T_{dew} = -1.4$℃，(d) 73%

4章

【4.2】
A：（エタン生成） 　　　　2×②+3×③−①=−84.6 kJ
B：（メタン生成） 　　　　②+2×③−④=−74.7 kJ
C：（メタノール合成1） 　　2×③−⑤+⑥=−90.6 kJ
D：（メタノール合成2） 　　3×③−⑤+⑦=−49.4 kJ
E：（酢酸合成） 　　　　　⑤+⑥−⑧=−127.3 kJ
F：（ホルムアルデヒド合成） ⑤+⑦−⑨=−156.5 kJ
G：（プロパン生成） 　　　3×②+4×③−⑩=−103.7 kJ
H：（エタノール合成） 　　−⑦−⑪+⑫=−45.7 kJ
I：（エチレン生成） 　　　2×②+2×③−⑫=+52.4 kJ

【4.3】 生成反応は−①+2×②+③なので，この反応の $\Delta_r H° = −(−1299.6)+2×(−393.5)+(−285.8) = 226.8$ kJ．よって，アセチレン $\Delta_f \widehat{H}° = 226.8$ kJ/mol．

【4.4】 プロピレン生成反応は $3C(\beta)+3H_2 \to C_3H_6$ である．これを上式の反応の組み合わせでつくるには，−①−②+4×③+3×④ である．よって，プロピレン生成反応の $\Delta H°$ = 20.1 kJ．この反応熱はプロピレン 1 mol あたりなので，$\Delta_f \widehat{H}° = 20.1$ kJ/mol．

【4.5】 メタノール，一酸化炭素，二酸化炭素，水（$H_2O(g)$）の生成熱を各々 a, b, c, d と

演習問題解答　　175

すると，① $-90.7=a-b$，② $-49.3=d+a-c$，③ $-126.6=-438.1-a-b$，④ $-156.3=-115.8+d-a$ である．この連立方程式を解いて，$a=-201$，$b=-111$，$c=-393$，$d=-241$ kJ/mol．

【4.6】　順に 157℃，462℃，797℃．〈bce39.xls〉参照．

【4.7】　$\Delta_r \widehat{G}° = \Delta_f \widehat{G}°(g) - \Delta_f \widehat{G}°(l) = -228.57-(237.13) = 8.56$ kJ/mol

これより，$p = p_0 \times \exp\left(-\dfrac{\Delta_r \widehat{G}°}{RT}\right) = 100 \times \exp\left(\dfrac{-8.56 \times 10^3}{8.314 \times 298}\right) = 3.16$ kPa．

5章

【5.1】　基準をヘキサン 1 mol とする．反応熱は $\Delta_r H° = 6 \times (-393.5) + 7 \times (-241.8) - 1 \times (-167.3) = -3886.3$ kJ である．20% 過剰の条件から酸素供給量は理論酸素の 1.2 倍の 11.4 mol であり，これより物質収支表は以下のとおりである．

	反応物 R	生成物 P
ヘキサン(l)	1　mol	
O_2(g)	11.4　mol	1.90 mol
N_2(g)	42.89 mol	42.89 mol
CO_2(g)		6　mol
H_2O(g)		7　mol

図 5.7 のシートにならい，物質収支表のエンタルピー変化を求め，それと $\Delta_r H = -3886.3$ kJ の合計が 0 となる T_2 を求める．$T_2 = 1859$℃ である．〈bce28.xls〉参照．

【5.2】　入口空気の $T_s = 22.0$℃，$H_s = 0.0165$ である．この断熱冷却線上で H_{out} における温度を求めると $T = 27.0$℃ となる．〈bce80.xls〉参照．

6章

【6.1】　$(dC_A/dt) = k_1 C_A - k_2 C_B = -(k_1+k_2)C_A + k_2 C_{A0}$．およそ 20 s．〈bce40.xls〉参照．

【6.2】　26 s．〈bce41.xls〉参照．

【6.3】　基礎式(6.10)で $V = 2000$，$c_{A0} = 0$，$t = 0$ で $c_A = 20$．仮に $F = 10$ L/s とすると 1000 L 供給される時間は $t = 100$ s．基礎式，$2000\dfrac{dc_A}{dt} = -10c_A$ を変数分離して積分すると，$\ln c_A = -(1/200)t + C_1$．初期条件より，$C_1 = \ln 20$．よって，$\ln(c_A/20) = -(1/200)t = -0.5$ より，$c_A = 12.2$ wt%．

【6.4】　〈bce55.xls〉参照．

【6.5】　〈bce56.xls〉参照．

索　引

あ　行

圧縮因子　63
1次遅れ系　157
液液平衡　92
エンタルピー　102
煙道ガス　47

か　行

回分反応　20, 149
化学量論係数　23
拡　散　32
過剰空気率　47
片対数グラフ　17
活量係数　87
完全混合　153
気液平衡　85
ギブズエネルギー　121
吸収平衡　91
グラフ　16
結晶溶解反応　116
限定反応物質　46
顕熱変化　107
国際単位系　3
ゴールシーク　24
混合物の組成　36

さ　行

最小2乗法　18
次　元　2
仕　事　99
湿球温度　140

湿　度　78
湿度図表　79, 140
収　率　46
重力換算係数　8
重力単位系　5
シュレーディンガー方程式　31
晶　析　40
状態方程式　63
常微分方程式　28
蒸　留　38
浸透圧　82
絶対湿度　78
絶対単位系　5
z 線図　70
潜熱変化　107
相対揮発度　87
装置プロセス　42
ソルバー　26

た　行

対応状態の原理　69, 70
対臨界圧(力)　69, 70
対臨界温度　69, 70
単　位　2
単位換算法　10
断熱火炎温度　135
断熱加湿　144
断熱反応　135
断熱冷却線　145
逐次反応　28
定圧熱容量　103
定容熱容量　103

転化率 46
等湿球温度線 143

な 行

内部エネルギー 99
2次遅れ系 160
熱化学方程式 108
熱力学第一法則 99
燃焼プロセス 46

は 行

パージ 50
反応次数 151
反応進行度 46, 121
反応プロセス 46
PID制御 166
pHの計算 26
非線形方程式 24
BWR式 69
非定常プロセス 149
比熱比 104
微分方程式 29
標準生成熱 112
標準燃焼熱 112
標準反応熱 108
比例制御 161
比例・積分制御 163
ファンデルワールス式 63
van Laar式 88
不活性物質 46
物質収支 35
物性値表 13
沸点計算 24
フラッシュ蒸留 41
分配係数 94
分離プロセス 96

平衡定数 121
平衡転化率 129
ヘスの法則 110
偏微分方程式 30
ヘンリーの法則 93
飽和蒸気圧 75

ま 行

Michaelis-Menten式 19
無限希釈活量係数 93

や 行

輸送物性 2

ら 行

ラウールの法則 85
Lee-Kesler式 73
リサイクル 50
リサイクル・パージ操作(プロセス) 26, 54
理想気体法則 61
両対数グラフ 17
量論係数 46
量論数 46
理論空気量 46
理論燃焼温度 135
臨界定数 69
ルイスの関係 145
Runge-Kutta法 28
Redlich-Kwong式 68
連立1次方程式 23
露点 78

わ 行

ワークシート関数 23

執筆者紹介

伊東　章（いとう　あきら）
東京工業大学大学院理工学研究科化学工学専攻　教授
1982 年 東京工業大学大学院理工学研究科化学工学専攻博士
　　　　課程修了
1982 年 東京工業大学工学部助手．1983 年 新潟大学工学部助手
1988 年 新潟大学工学部化学工学科助教授
2007 年 新潟大学工学部化学システム工学科教授
2009 年より現職

Excel で気軽に化学プロセス計算

　　　　　　　　　　平成 26 年 7 月 30 日　発　　　行
　　　　　　　　　　令和 4 年 8 月 5 日　第 5 刷発行

著作者　　伊　東　　　章

発行者　　池　田　和　博

発行所　　丸善出版株式会社
　　　　　〒101-0051　東京都千代田区神田神保町二丁目17番
　　　　　　編集：電話(03)3512-3262／FAX(03)3512-3272
　　　　　　営業：電話(03)3512-3256／FAX(03)3512-3270
　　　　　　https://www.maruzen-publishing.co.jp

Ⓒ Akira Ito，2014

組版印刷・中央印刷株式会社／製本・株式会社 松岳社

ISBN 978-4-621-08844-9 C 3058　　　　Printed in Japan

JCOPY 〈(一社)出版者著作権管理機構　委託出版物〉
本書の無断複写は著作権法上での例外を除き禁じられています．複写
される場合は，そのつど事前に，(一社)出版者著作権管理機構（電話
03-5244-5088，FAX 03-5244-5089，e-mail：info@jcopy.or.jp）の許諾
を得てください．